KB119153

하루 5분 엄마의 말습관

일상의 작은 언어에서 시작되는 아이의 놀라운 기적

하루 5분 엄마의 말습관

임영주 지음

위즈덤하우스

Prologue 엄마의 '지나가는 말'이 아이의 '지나갈 길'을 만든다 10

Chapter 1 아이의 자존감을 높이는 엄마의 말습관

01 아이와 말할 때 존중의 육하원칙을 사용하자 20

아이는 말을 배우면서 자존감의 기초를 만든다 • 엄마의 긍정적인 반응이 가장 중요하다 • 아이를 크게 키우는 존중의 육하원칙

02 아이의 입장에서 상황을 파악한 후에 말하자 29

"우리 블록 대장"이 "너, 블록 갖다버린다"가 된 사연 • 집중력과 자존감의 상관관계 • 아이의 입장을 먼저 생각하는 엄마

03 아이의 선택을 유도하고 존중하며 책임지게 하자 38

아이의 선택을 유도하고 존중하는 엄마 • 선택에는 책임이 따른다는 사실을 알려주는 엄마 • 자존감과 자립심을 함께 키우는 엄마의 말

04 아이의 숨겨진 장점을 이끌어내는 말을 하자 46

소심하고 예민한 아이를 잘 키우기 위한 절대 조건 • 소심한 아이일수록 지나가는 말이 중요하다 • 소심한 아이를 섬세한 아이로 키우는 엄마의 말

05 아이의 장점을 자세히 말해주자 55

자존감과 자조감 사이 • 장점을 자세히 말할수록 자존감이 올라간다 • 일상에서 아이의 자존감을 키우는 '장점 말놀이'

Contents

Chapter 2 아이의 공감 능력을 높이는 엄마의 말습관

01 아이의 말을 최선을 다해 경청하자 68

문제를 파악하고 해결 방법을 제시하는 경청의 마법 • "엄마가 들어줄게"로 시작한다 • 아이의 입을 여는 '말과 표정'이 '진짜 경청'이다

02 아이의 감정을 진심으로 읽어주자 76

엄마의 반응에 따라 아이의 미래가 달라진다 • 엄마는 해결사가 아닌 상담사가 되어야 한다

03 좋든 나쁘든 아이의 모든 감정에 반응하자 86

아이의 다양한 감정에 대처하는 엄마의 자세 • 엄마의 자세 ❶ 짜증을 내는 아이의 경우 • 엄마의 자세 ❷ 기가 죽은 아이의 경우 • 엄마의 자세 ❸ 우는 아이의 경우

04 감정의 다양성에 대해 솔직하게 알려주자 95

'이렇게 해서 바꿔야지'가 아닌 '이렇게 하면 바뀔 거야' • 아이는 감정도 엄마를 보고 배운다

05 부정적인 감정에 대한 반응은 맨 마지막에 하자 104

아이의 감정을 몰아붙이는 말 대신 • 아이의 '감정'에 엄마가 '감정적'이면 안 되는 이유 • 말에도 순서와 강약이 있다

Chapter 3 아이의 사회성을 높이는 엄마의 말습관

01 단호한 말로 사회성의 기본을 만들어주자 116

자기조절력을 키워주는 엄마의 말, "안 돼." • 아이의 사회성과 전두엽 발달의 상관관계 • 기본을 갖춘 사람으로 키우는 엄마의 말

02 아이의 위치에서 이야기를 나누고 제안하자 124

아이의 긍정적인 자아와 사회적 기술 • 나쁜 감정까지 고맙게 여겨야 하는 이유 • 아이의 감정을 보듬고 사회성을 발달시키는 엄마의 단계별 말하기

03 폐를 끼치는 행동은 확실히 훈육하자 135

아이가 폐를 끼쳤을 때 상대방에게 하는 엄마의 말 • 아이가 폐를 끼쳤을 때 아이에게 하는 엄마의 말 • 사회성의 토대가 되는 '역지사지' 말하기

04 부정적인 의견까지 받아들이는 아이로 키우자 146

친구의 장점을 보는 눈을 키우는 엄마의 말습관 • 부정적인 의견도 받아들이게 하는 엄마의 말습관 • 아이의 단점을 장점으로 바꿔 사회성을 키우는 엄마 말의 마법

05 아이를 충분히 관찰하고 친구를 권유하자 157

아이의 친구 관계를 다각도로 살펴본다 • 엄마의 말 한마디가 아이의 친구 관계에 영향을 미친다

Contents

Chapter 4 아이의 문제 해결력을 높이는 엄마의 말습관

01 문제를 통해 문제 해결력을 키우자 166

아이의 욕구와 "어떻게 할까요?"라는 가르침 사이 • 문제 해결력을 키우는 절호의 기회 • 문제를 대하는 현명한 엄마의 말과 태도

02 어떤 문제든지 해결할 수 있다는 사실을 알려주자 178

심각한 아이에게는 신중한 엄마가 필요하다 • 아이의 문제를 받아들이는 엄마의 말과 태도 • 아이의 마음을 정리해주는 엄마의 말

03 아이가 실패했을 때 진심으로 조언해주자 187

아이의 불안한 마음을 달래는 엄마의 말 • 아이를 일으켜 세우는 엄마의 말

04 앞가림할 수 있게 책임감을 키워주자 195

일상적인 문제 해결력은 공부보다 중요하다 • 책임감과 문제 해결력의 상관관계

05 아이들 싸움, 문제 해결력을 키우는 기회로 삼자 204

아이들의 싸움을 대하는 엄마의 자세 • 아이들 싸움, 나쁜 것만은 아니다

Chapter 5

아이의 창의력을 높이는 엄마의 말습관

01 일기 쓰기로 창의력의 밑바탕을 만들자 214

"어땠어?", "그랬어?", "그래서?"의 마법 • 아이의 일기+엄마의 말=창의력 발달

02 아이의 능력을 과소평가하지 말자 221

아이의 기질을 인정해야 창의력이 자란다 • "또 딴짓한다"라는 말 대신

03 아이의 걱정과 두려움을 인정하고 격려하자 230

아이의 두려움 + 엄마의 말 = 지적 호기심과 창의력 • '어떡하지?'가 창의력의 원천이 되려면

04 아이가 흥미 있어 하는 것을 지지하자 238

아이의 고집과 독특함을 창의력으로 이끌어주는 방법 • 아이의 현재 관심사에서 창의력이 발현된다

05 '왜'와 '어떻게'로 아이의 가능성을 열어주자 244

TPO를 고려한 열린 질문의 중요성 • 엄마가 '왜'와 '어떻게'를 잘 써야 하는 이유 • 현명한 엄마의 '왜', '어떻게' 사용법

Contents

Chapter 6

아이의 학습 능력을 높이는 엄마의 말습관

01 공부의 의미와 필요성을 가르쳐주자 256

"우리 ○○, 공부하는구나." • "공부는 왜 할까?"라는 질문에 대한 답

02 엄마의 말로 스킨십을 하자 264

아이의 인지 발달을 돕는 엄마의 말, "우리 ○○, 안아보자." • 아이의 학습 능력 향상을 돕는 엄마의 말, "어쩌면 이렇게 사랑스러울까?" • 아이가 스스로 공부하게 만드는 엄마의 말, "넌 세상의 축복이란다."

03 아이의 흥미와 재능을 파악하자 274

진짜 공부는 아이의 흥미와 연결되어야 한다 • "무엇이 되고 싶니?", "무엇이 가장 재미있니?" • 아이의 미래를 밝혀주는 엄마의 말

04 칭찬과 격려의 말로 아이의 공부 의욕을 이끌어내자 285

엄마의 어떤 말이 아이를 공부하게 할까? • "너 좋으라고 공부하라는 거야"라는 말 대신

05 모르거나 틀려도 괜찮다고 이야기하자 295

아이의 "음… 음…"에 대처하는 현명한 엄마의 자세 • 아이의 학습 수준, 엄마의 기대 수준이 막는다

엄마의 '지나가는 말'이 아이의 '지나갈 길'을 만든다

"키만 멀대처럼 크고 못생긴 저를 보고 실망하실 것 같았어요."

엄마를 다시 만나게 된 13살의 어느 날, 소녀는 "엄마를 만나던 날, 저는 땅속으로 사라져버리고 싶었습니다"라고 고백했다. 엄마는 영화배우 뺨치는 미인에 늘씬한 몸매를 가졌으니 소녀는 그런 엄마가 못생긴 자신을 보고 분명히 실망할 거라고 생각했던 것이다.

"그런데, 엄마는 저를 꽉 안으며 입을 맞췄어요. 그리고 말했어요. 아가, 얼굴도 예쁘고 키도 정말 크구나."

미국의 전 대통령 버락 오바마Barack Obama와 방송인 오프라 윈프리Oprah Winfrey가 공통으로 꼽은 멘토이자 시인, 작가, 가수, 배우인 동시에 인권 운동가로 '10명의 삶을 살고 갔다'라고 평가를 받는 마야 안젤루Maya Angelou의 『엄마, 나 그리고 엄마Mom&Me&Mom』에 소개된 이야기는 엄마의 한마디 말이 얼마나 강력한 힘을 가졌는지를 보여준다.

아이가 하루 동안 가장 많이 듣는 말이 '엄마의 말'이다. 엄마의 말은 언제나 옳다. 어떤 형식을 띠든지 그 내용도 옳다. 그런 면에서 "엄마 말 들어"는 명심해야 할 말이다. "엄마 말 들으면 자다가도 떡을 얻어먹는다"라는 옛말은 지금도 여전히 유효하게 느껴진다. 하지만 순전히 엄마의 관점에서다. 아이의 입장에서는 때로는 귀를 막고 싶고, 실수로 귀를 열어놓았다가는 평생 상처가 되는 엄마의 말도 듣게 된다. 엄마의 말이 중요한 이유다.

말처럼 한 사람의 습관이 그대로 드러나는 게 또 있을까? 하고 나서야 뭐라고 했는지 깨달을 만큼 순식간에 또는 부지불식간에 나오는 말, 바로 '말습관' 때문이다. 앞에서 마야 안젤루와 그녀의 엄마 이야기를 인용했던 것은 엄마로서 아이에게 어떤 말을 해야 할지 머리로는 잘 알지만 정작 그렇게 하기란 쉽지 않고, 그래서 자꾸 연습하면서 습관을 들여야 어느 정도나마 할 수 있다는 사실을 보여주기 위해서였다. '하루 5분'은 상징적인 시간의 단위다. 잠시 시간을 내어 의식하고 실천하면 어느새 멋진 말습관을 가진 엄마가 되리라는 믿음으로 '하루 5분'을 제시했다. 적어도 하루에 5분씩만 엄마로서 아이에게 할 말을 의식하고 연습하며 사용하다 보면 언젠가는 아이가 세계적인 인물로 우뚝 서 "모든 것은 엄마의 한마디 말씀 덕분이었습니다"라고 회상할지도 모른다. 무심코, 우연히 한 말, 바로 '하루 5분 엄마의 말습관'이 가진 힘이다.

세계인의 삶에 긍정적인 영향을 끼친 마야 안젤루에게는 '흑인 여성'이라는 호칭이 늘 따라다닌다. 1928년에 태어난 흑인 여성, 유아기 때 경험한 부모의 이혼, 7살에 겪은 성폭행, 그리고 겨우 16살에 미혼모가 된 그녀가 수많은 일을 하며 미국에서 가장 영향력 있는 사람으로 꼽힌 비결은 무엇일까? 그녀는 담담히 말했다. "나를 있는 그대로 인정해주고 좋은 면을 바라봐준 단 한 사람, 바로 어머니"라고…….

'엄마'라는 이름은 따뜻하면서도 울림이 깊다. 엄마와 아이, 세상 어떤 관계보다 아름답고 끈끈하다. 그래서 지극한 마음을 담은 엄마의 말이 아이를 힘나게 할 수도 있고, 역설적으로 아프게 할 수도 있다. 마야 안젤루와 엄마의 일화에서 엄마의 말 한마디가 얼마나 중요한지가 또 한 번 잘 드러난다. 오랫동안 떨어져 살다가 오랜만에 만난 엄마에게 딸이 '엄마' 대신 '레이디'라고 부를 때 그녀는 모든 가족이 모인 자리에서 이렇게 말했다. "마야가 저를 엄마라고 부르기보다는 레이디라고 부르고 싶대요. 나는 이 호칭이 마음에 들어요. 내가 예쁘고 상냥해서 진정한 숙녀 같대요. 그러니까 다들 나를 레이디라고 불러도 좋아요." 만약 내 아이가 엄마인 나를 아줌마 혹은 다른 호칭으로 부른다고 가정하면 어떨까? 화가 날까, 아니면 엄마라고 불러달라고 부탁할까? 부모가 자녀에게 여유 있게 응수하기란 쉽지 않다. 엄마라는 이름으로 옳은 것을 가르치고 싶어 엄마라는 이름으로 마음대로 하기가 쉽다. 그러다 보니 아이에게 독한 말을 해서 지워지지 않을 마음의 상처를 주기도 한다. 마야는 엄마를 계속 실망시켰다. "저는 계속 레이디를 실망시켰습니다. 16살에 미혼모가 되었죠. 그런데도 레이디는 '우리 가족에게 예쁜 아기가 생기겠구나'라고 말했습니다." 그러던 어느 날, 집을 떠나려는 딸에게 엄마는 이렇게 말했다. "넌 지금까지 내가 만난 여성 중에서 가장 대단해. 그리고 기억하렴. 넌 언제든지 집으로 돌아올 수 있다는 걸."

나는 몇몇 문장을 인용하면서 과연 어떤 감정을 가진 엄마이기에 이렇게 실망시킨 딸에게 그런 말을 할 수 있을까를 생각했다. 엄마는 엄마의 말로써 이미 아이에게 '안전기지'로서의 엄마를 보여주며 늘 네 편이라는 사실을 상기시켰다. 이것이 그 많은 불행과 절망을 이겨내며 우뚝 선 인간으로 나아가게 한 단초였다면 엄마의 말은 참으로 위대하다. 그리고 굉장히 기뻤다. 엄마가 아이의 안전기지가 될 말을 열심히 연습해야 한다는 것, 엄마의 말습관이 가진 힘에 대해 확신했기 때문이다.

엄마를 레이디라고 부르고 10대에 미혼모가 되어 큰 실망을 안겼을지라도 그녀가 가진 사랑스러움을 놓치지 않았던 마야 안젤루의 엄마처럼 아이의 장점을 부각시키면서 얼마나 괜찮은 사람인지 말해주자. 안 보인다면 찾아내서 알려주자. 아이는 아직 어려서 자신이 얼마나 근사한지 모를 가능성이 높다. 엄마의 말이 거울이 되어주면 아이는 알게 된다.

"딸(아들), 네가 엄마 딸(아들)이라서 자랑스러워."

나는 마야 안젤루와 엄마의 이야기를 강연에서도 자주 언급한다.

"그날 나는 누군가에게 미소 짓기만 해도 베푸는 사람이 될 수 있다는 것을 배웠다. 그 후 세월이 흐르면서 따뜻한 말 한마디, 지지한다는 의사 표시 하나가 누군가에게는 고마운 선물이 될 수 있다는 것을 알았다."

나는 이 이야기를 부모와 교사들에게 자주 들려줬다. 현장에서 이렇게 바꿔보기도 했다.

"나는 내 아이에게 미소 짓기만 해도 좋은 부모(교사)가 될 수 있다는 것을 배웠다. 그리고 따뜻한 말 한마디가 아이에게 평생 선물이 될 수 있다는 것을 알았다."

엄마의 말 한마디는 아이의 인생이 된다. 오늘 도저히 이해할 수 없는 행동을 하는 아이에게 어떤 말을 할까? 버럭 화를 내며 엄마 성격 다 버린다고 해봤자 아무도 하소연을 들어주지 않는다는 걸 잘 알고 있다. "어이구, 내가 정말…" 하는 말이 입안에 맴돈다면 얼른 화장실에라도 들어가 거울을 보면서 나와 대화하자. 그러고 나서 아이에게 말해보자. 처음에는 좀 어색할 수도 있다. 하지만 꾸준히 연습해서 습관으로 만든다면 이 정도는 충분히 할 수 있지 않을까.

"세상에, 엄마가 이해 못할 정도면 넌 정말 개성 있는 아이야."

아이는 부모의 앞모습뿐만 아니라 옆모습과 뒷모습을 보고 자란다. "여기 똑바로 앉아서 엄마 말 잘 들어"라고 하는 순간, 아이는 방어적 자세를 취해 똑바로는 앉을지언정 엄마의 말을 똑바로 듣지는 못한다. 아이에게 들려주고 싶은 말이 있다면 자연스러운 상황에서 하는 것이 좋다. 서서 말하든, 걸으면서 말하든, 잠깐 안아주면서 말하든 다 괜찮다. 엄마가 지나가면서 하는 말이 앞으로 아이가 걸어갈 길, 지나갈 길을 만들고, 한편으로는 아이의 지나가는 길이 되어 인생을 만들기까지 한다.

"여보, 요즘 우리 아들이 정말 열심히 노력하는 모습을 보니까 눈물이 날 만큼 고마운 거 있죠? 우리 아들이 마음만 먹으면 엄청 열심히 하잖아요"라고 엄마가 아빠한테 하는 말을 우연히 들은 이후 열심히 공부하게 되었다는 고등학생의 이야기, "우리 아이지만 참 반듯해"라는 부모의 대화를 들은 이후 자신을 더 돌아보며 행동하게 되었다는 청년의 이야기는 아이 앞에서 하는 말도 중요하지만 아이의 옆, 혹은 뒤에서 하는 말도 그에 못지않게 중요하다는 사실을 잘 보여준다. '낮말은 새가 듣고 밤말은 쥐가 듣는다'라는 속담을 이렇게 바꿔본다.

부모가 둘이서 나누는 이야기도 아이가 듣고, 엄마가 이웃과 나누는 이야기도 아이가 듣고, 엄마가 혼잣말로 하는 이야기도 아이가 듣는다.

어쩌면 무심코 지나가는 엄마의 말이 더 중요할 수도 있다. 무심코 하는 말일수록 습관으로 굳어진 말이기 때문이다. 그런 의미에서 엄마의 말습관은 아이를 잘 키우는 비법이다. 엄마의 지나가는 말이 아이가 현재 지나가는 길과 앞으로 지나갈 길을 만들 것이다.

우리 아이는 엄마 말대로 될 것이다.

Chapter 1

아이의 자존감을 높이는 엄마의 말습관

말을 하기 시작한 지 얼마 안 되는 어린아이가 있다. 엄마는 아이가 하는 말이라면 단 한 단어라도 크게 반응을 보인다. 엄마는 아이가 아무리 짧게 말해도 관심과 상황을 살펴 적절히 이해하려고 노력한다. 엄마라면 누구나 아이의 말을 이해하고 존중해야 한다. 아이의 말을 존중해주면 아이의 자존감이 길러진다. 어른은 어떤 말이든 자신이 처한 상황에 따라 소화할 능력이 있지만 아이는 그렇지 않다. 엄마의 말에 크게 영향을 받는 발달 단계에 있기 때문이다. 아이의 자존감은 현재와 앞으로의 학습, 건강한 또래 관계 형성 등 아이의 모든 것과 촘촘하게 연결되어 있다는 사실을 잊지 말아야 한다.

01 아이와 말할 때 존중의 육하원칙을 사용하자

싱그러운 5월의 연못, 열심히 헤엄치던 개구리가 마치 죽은 듯이 물 위에 떠 있다. 아이들은 나뭇가지를 들고 움직이지 않는 개구리를 향해 "야, 너 죽었어? 왜 안 움직여?"라고 한다. 그때 아장아장 걷는 남자아이가 형들 옆으로 가서 말한다.

"개구이. 도오기. 주어떠. 무떠어."

"야, 무슨 말이야? 아줌마, 얘 뭐라고 하는 거예요?"

"우리 현이가 하는 말 잘 못 알아듣겠지? 아줌마가 설명해줄게. 아직 어려서 그래."

"옴마, 도오기. 개구이."

"아, 저기 개구리. 개구리가 헤엄치네."

"엉, 개구이 주어떠."

"아, 개구리가 죽은 것 같아? 정말 꼼짝 않고 있네. 혹시 쉬고 있는 건 아닐까?"

"아이야. 주어떠."

"그래? 죽은 것 같구나. 그럼 죽었나, 살았나, '개구리야~' 하고 불러 볼까?"

"개구이야~ 개구이야~"

"개구리야~ 개구리야~"

잠깐 산책을 하다가 본 풍경이었다. 참으로 아름다운 엄마와 아이의 언어 교육 장면이라는 생각이 들어 한참이나 보고 있었다.

아이는 말을 배우면서 자존감의 기초를 만든다

돌 전후를 '한 단어기'라고 부를 만큼 이 무렵 아이는 한 단어로 자신의 생각을 표현한다. 한 단어로 문장을 표현한다고 해서 '일어문一語文 시기'라고도 한다. 예를 들어 아이가 "물"이라고 한 단어를 말하면, 이것은 "물 마시고 싶어"라는 의사의 뜻이 되기도 하고, "엄마, 나 물 마셨지?"라고 조금 전에 자신이 물을 마셨다는 확인의 뜻이 되기도 한다. 아이와 무관한 사람은 금방 알아듣지 못하지만 친절한 양육자는 단 한 단어라고 할지라도 전체 문장으로 알아듣는다. 아이에 대한 관심이 상황과 연결되어 이해를 돕기 때문이다. 이 시기 아이가 자신의 안전기지를 확인하는 기초는 자신의 말에 양육자가 어떻게 반응을 하느냐다.

"우리 지후, 물 마셨어요?"

"응."

"그랬구나. 물 맛있었어요?"

"응."

"그랬구나. 더 마시고 싶어요?"

"응."

아이는 그저 한 단어로 "응" 하고 말하지만 엄마는 완성된 문장으로 받아준다. 비록 아이가 한 단어로 말하더라도 엄마의 문장을 알아듣는다는 전제, 즉 '듣는 귀'로 문장을 이해한다고 인정하며 반응해주는 것이다. 여기서 인정은 아이가 잘 알아들을 것이라는 뜻이고, 반응은 존중한다는 의미다. 이처럼 엄마의 말은 영유아기 아이의 자존감 발달에 큰 영향을 미친다.

엄마의 긍정적인 반응이 가장 중요하다

아이는 한 단어기를 거치고 나서 두 단어로 말하게 된다. 지금 자신에게 필요한 딱 두 단어를 사용해 의사를 표현한다. 아이는 말을 배우고 사용하면서 자신의 말에 대한 다른 사람의 반응을 기초로 세상이 자신에 대해 우호적인지 적대적인지, 살 만한 곳인지 그렇지 않은지를 파악한다. 즉, 말로써 자신의 존재감을 확인하며 자존감의 기초를 형성해나가는 것이다.

다음은 5살짜리 딸을 둔 엄마가 들려준 이야기다. 어느 날, 화장실 청소를 하면서 딸과 함께 말 주고받기 놀이를 했다.

"화장실."

"변기."

"세면대."

"양치질."

이런 식으로 한창 재미있게 말 주고받기 놀이를 하던 중 변기의 소변 자국이 엄마 눈에 띄었다. 엄마는 자신도 모르게 이렇게 말했다.

"아빠는 정말 못 말려."

"왜?"

"오줌을 막 튀게 했잖아."

"엄마, 오줌이 아니라 소변이야."

엄마는 딸의 말을 듣고 한참을 웃었다고 했다. 화장실 청소를 하는 중에도 아이와 언어로 교감하려고 애쓰는 엄마의 노력과 지혜에 박수를 보냈다. 매사 아이의 말에 귀를 기울이고 정성스럽게 반응하는 것은 쉽지 않은 일이다. 사실 아이가 어느 정도 말을 잘하게 되면 엄마의 반응은 친절하다기보다는 말싸움으로 번질 우려가 크다. 아이의 말을 이해하려는 마음보다는 엄마의 말을 주입시키려는 마음이 앞서기 때문이다. 한창 자라는 아이에게 엄마의 말은 잔소리로 들리기 시작한다. 엄마는 아이가 한창 말을 배울 때 자신이 긍정적으로 반응했던 모든 상황이 아이를 키웠다는 사실을 잊지 말아야 한다.

아이를 크게 키우는 존중의 육하원칙

아이가 성장함에 따라 아이가 하는 말에 대한 엄마의 반응도 성장해야 한다. 이때 사용할 수 있는 가장 쉬우면서도 현실적인 방법이 '육하원칙'이다.

"엄마, 나 숙제하기 싫어."

"왜?"

"그냥."

"그럼 어떻게 할까?"

"몰라."

"언제 하고 싶을 것 같아?"

"몰라. 지금은 하기 싫어."

"그럼 지금은 무엇을 하고 싶은데?"

"이따가."

"그럼 이따가 숙제하고 싶을 때 어디서 하고 싶은지 말해줄래? 참, 엄마 도움이 필요하면 꼭 얘기해줘."

문법적으로 완벽한 육하원칙을 사용하라는 이야기가 아니다. 이 정도의 육하원칙이면 충분하다. 반드시 정확한 답을 듣지 않아도 된다. 관심만 보여도 반 이상은 성공이다. 나머지는 아이의 몫이다. 아이는 엄마의 인격적인 말 속에서 숙제가 자신이 해야 할 일임을 알고 엄마가 자신의 투정과 억지를 받아준다는 사실까지 깨닫는다. 그러므로 아이는 엄마의 기대를 저버리지 않고 현명한 판단을 내릴 것이다. 만약 같은 상황인데도 다음과 같이 말하면 어떻게 될까?

"엄마, 나 숙제하기 싫어."

"네가 언제 숙제하고 싶은 적이 있었어?"

"엄마는 꼭 그런 식이더라."

"네가 잘해도 이런 식이겠어?"

"하여튼 엄마랑은 말이 안 통해. 몰라."

"모르니까 숙제도 못하는 거지."

이처럼 엄마와 아이의 대화는 말싸움이 되고, 감정적인 말싸움은 대화의 본질을 흐리게 만든다. 결국 엄마와 아이 모두 자존심이 상한 채 상처만 남게 되는 셈이다. 앞에서 나온 이야기의 상황도 다음과 같이 변질될 수 있다.

"엄마, 개구이."

"개구이가 뭐야? 똑바로 말해. 개, 구, 리."

"개, 구, 이." (아이는 주눅이 들었다.)

"개구이 아니래도. 애가 왜 이렇게 말이 늦지? 똑바로 말해봐."

아이는 엄마가 아무리 발음을 똑바로 하라고 다그쳐도 고칠 수가 없다. 엄마는 아이의 발달 상태를 인정해야 한다. 마찬가지로 아무리 숙제하라고, 공부하라고 다그쳐도 지금 하기 싫은 아이는 끝까지 하지 않는다. 이때 육하원칙을 잘 사용하면 된다. 여기서 주의할 점이 있다. 아이가 말머리마다 "몰라"를 반복해도 들어주는 것이다. 하기 싫은 숙제에 대해 말하다 보니 반복적으로 "몰라"라고 하는 것이므로 이에 대해 엄마가 과민하게 반응할 필요가 없다. 아이도 잘 안다. 하기 싫어도 숙제는 해야 한다는 것, 그런데 하기 싫어하는 자신에게 화가

난데다 정말로 하기 싫으니 어깃장을 놓고 있는 것이다. 엄마가 그 마음을 알아주지는 못할지언정 휘젓지는 말아야 한다.

5월의 신록만큼 눈부셨던 엄마와 아이의 대화를 언젠가 해본 적이 있거나 꿈꾸고 있을 것이다. 아이가 말을 배울 때 단 한 마디라도 놓칠세라 반응하고 기뻐하며 완벽한 문장으로 응수해주지 않았던가. 발음이 정확하지 않다고 무안을 주지도 않았고 말을 제대로 하라고 꾸짖지도 않았다. 그저 마냥 기특하고 고맙기만 했다. 지금 어느 정도 자란 아이는 여전히 세상의 말을 배워나가는 중이다. 엄마 말에 꼬박꼬박 말대꾸를 할 만큼 언어 발달의 경지에 올랐으나 여전히 성장 과정 중에 있으므로 엄마에게 아이의 말은 앞뒤가 안 맞는 이야기, 순전히 자기중심적인 이야기로 비춰질 수도 있다. 이때 도대체 무슨 말이냐고, 말도 안 되는 소리를 하지 말라고 하기 전에 그 속에 숨은 뜻을 잘 헤아려야 한다.

어린 시절, 아이가 한 단어로 말할 때 관심을 갖고 상황을 살펴 적절히 이해했듯이, 엄마라면 누구나 그때처럼 아이의 말을 이해하고 존중해야 한다. 아이의 말을 존중해주면 아이의 자존감이 길러진다. 어른은 어떤 말이든 자신이 처한 상황에 따라 소화할 능력이 있지만 아이는 그렇지 않다. 엄마의 말에 크게 영향을 받는 발달 단계에 있기 때문이다. 아이의 자존감은 현재와 앞으로의 학습, 건강한 또래 관계 형성 등 아이의 모든 것과 촘촘하게 연결되어 있다는 사실을 잊지 말아야 한다.

Tip

아이의 자존감을 키우는 존중의 육하원칙 말하기 연습

❶ 상황을 파악하는 '왜'

- 아이가 무슨 이유로 그런 말을 했는지 상황을 파악한다.

  "엄마, 나 공부하기 싫어."

  "왜?" ('왜'라는 말로 공부하기 싫은 이유를 물어본다.)

❷ 방향을 제시하는 '어떻게'

- 아이의 이유를 듣고 나서 무엇을 하면 좋을지 제안한다.

  "그럼 어떻게 하면 좋을까?" ('어떻게'라는 말로 그다음에 대해 물어본다.)

❸ 구체적인 대안을 알아내는 '언제', '어디서', '누가', '무엇을'

- 아이에게 질문을 던져 최선의 대안을 이끌어낸다.

  "그럼 공부를 언제 하면 좋을까? 어디서 할래? 무엇을 먼저 공부하고 싶니?" ('언제', '어디서', '무엇' 등의 말로 실천을 유도한다.)

02 아이의 입장에서 상황을 파악한 후에 말하자

"36개월 남자아이로 긍정적으로 말하면 집중력이 뛰어나요. 예를 들어 블록 놀이를 하는 중에 저녁밥을 다 차려서 '준우야, 밥 먹자'라고 제가 말을 하면 듣지를 않아요. 3번을 말해도 소용이 없어요. 대답 없이 블록에만 집중해요. 물론 아직은 그렇지 않지만 초등학교 때까지 이어질까 걱정입니다. 소통을 잘하는 엄마와 아들이 되는 게 제 목표거든요."

어느 강연에서 받은 질문이다. 엄마는 아들과의 원할한 소통을 목표로 했지만, 그 이면에는 집중력도 키우고 싶고 엄마 말도 잘 듣게 하고 싶은 마음이 있다. 하지만 아이는 자기가 좋아하는 일에 집중할 때

다른 소리를 잘 듣지 못한다. 현재 집중하고 있는 일보다 더 흥미로운 일이 있다면 그것은 예외지만 말이다.

"우리 블록 대장"이 "너, 블록 갖다버린다"가 된 사연

대부분의 어린아이들은 하나에 집중하면 다른 것은 보이지도 들리지도 않는다. 조금 전에 블록 놀이를 할 때는 "우리 아들 집중력은 최고!"라고 엄지손가락을 치켜 올렸던 엄마가 갑자기(시간 개념이 어른과 다른 아이 입장에서는 그렇다) "너, 그거 안 치워?"라고 한다면 아이는 혼란스럽다. 엄마가 돌변했다고 느낀다. 하지만 엄마의 입장은 다르다. 아까 블록 놀이를 할 때는 그 자체만으로도 사랑스러웠다. 그러나 그때는 놀이 시간이고 지금은 식사 시간이 아닌가. 밥을 먹자고 계속 부르는데 아이는 들은 척 만 척이다. 목소리를 점점 키우면서 부르다 보면 '화'까지 난다. 이런 상황은 준우네뿐만 아니라 영유아기 자녀를 둔 가정이라면 흔한 풍경이다.

수현이가 블록 놀이를 하고 있다. 엄마가 부엌에서 수현이를 부른다. 때마침 수돗물까지 틀어놓아서 엄마의 목소리가 클 수밖에 없다.

"수현아, 밥 먹자."

엄마의 목소리가 크긴 했지만 이때까지만 해도 불친절하지는 않았다. 하지만 수현이는 감감무소식이다.

"김수현, 엄마가 밥 먹으랬지?"

엄마의 목소리가 커진다. 수현이는 여전히 대답이 없다.

"야, 밥 먹으라고. 너, 블록 갖다버린다!"

엄마가 수현이에게 더 크게 소리를 지른다. 수현이는 그제야 대답한다.

"안 먹어, 안 먹는다구~! 내 꺼 버리지 말라구~"

"너 왜 소리 질러? 엄마가 몇 번 말했어? 밥 먹으라고!"

조금 전까지만 해도 블록 놀이를 함께하며 "우리 블록 대장"이라고 칭찬하던 엄마가 지금은 밥 먹으라고 소리를 지르면서 "너, 블록 갖다버린다"라고 협박한다고 상상해보자. 당연히 수현이도 화가 난다. 그러니 엄마보다 더 크게 소리를 지른 것이다.

집중력과 자존감의 상관관계

집중력은 쉽게 말해 '빠져 있다'라는 것이다. 아이들이 무언가에 빠져드는 데는 확실한 이유가 있다. 아이가 좋아하고 흥미 있어 하는 것이라는 점이다. 앞에서 만나본 준우와 수현이는 블록을 좋아한다. 블록 놀이를 할 때만큼은 굉장히 집중해 엄마를 흐뭇하게 한다. 그러다가 식사 시간이 되었다. 엄마 생각에는 아이가 당연히 블록 놀이를 멈추고 식사에 집중해야 한다. 하지만 아이가 단번에 자신이 좋아하는 블록 놀이에서 별 흥미 없는 밥 먹기(영유아기 아이들에게는 밥 먹기가 여전히 힘든 과업이다)로 집중을 옮기기란 쉽지 않다. 엄마는 아이의 이런 발달 상황을 이해하며 다가가야 한다. 그래야 아이에게 건강한 집중이 습관이 되어 앞으로 '하고 싶지는 않지만 해야만 하는 일'에 대한 집중을 수월하게 할 수 있다.

아이들은 성장하면서 놀이 외에 다른 것에도 집중을 해야 한다. 아이가 지금 보이는 흥미를 중심으로 인정하면서 자신이 하는 일에 자부심을 갖고 성취감을 느끼며 좋아하는 일을 넘어 해야 하는 일로 집중을 확산하게 해야 한다. 그러므로 엄마는 아이가 흥미로워하는 것을 정확히 파악하고 존중해야 한다. 아이는 자신이 좋아하는 것을 누군가가 인정하고 격려할 때 '나는 귀한 사람'이라고 생각하게 된다. 이것이 바로 자존감의 기반이다. 자존감은 스스로 느끼는 것이지만 어린아이의 경우에는 주변 사람들에게 많이 영향을 받는다. 당연히 엄마가 가장 큰 영향력이 있다. 블록 놀이와 밥 먹기는 아이에게 둘 다 중요한 과업이다. 이때 둘 중 하나라도 침해하지 않으면서 그 가치를 인정하는 것이 아이의 자존감을 키워주는 길이다. 영유아기 아이의 자존감은 아이가 자신을 존중하는 것 외에도 옷, 장난감 등 스스로 소중하게 여기는 모든 것과 관련이 있다.

엄마가 아이의 자존감을 키우려는 이유는 이후 모든 발달과 연결되기 때문이다. 놀이에 집중하는 아이에게는 잘 논다는 말이 칭찬이다. 그리고 놀이를 마친 후에는 장난감을 잘 치우는 일에 집중을 하도록 한다. 즉, 상황에 따라 행동이 달라져야 한다는 사실을 아이가 깨닫게 해야 한다. 블록 놀이와 식사 시간에 대한 엄마와 아이의 충돌은 이런 내용을 가르칠 수 있는 좋은 기회다. 동시에 엄마 말의 마법을 발휘할 순간이기도 하다. 먼저 멀리서 소리쳐 부르는 것을 멈추고 아이에게 가까이 간다. 다가간다는 것은 존중한다는 것이다. 그러고 나서 듣기 좋은 목소리로 말을 건넨다.

"블록 놀이 어때?"

"좋아요."

"그렇구나. 재밌게 노는 거 보니까 엄마도 참 좋아. 집중도 잘하고 정말 최고야. 그런데 어쩌지? 지금은 밥을 먹어야 하는 시간인데… 어떻게 하면 좋을까?"

아이도 안다. 엄마가 자신을 인격적으로 존중할 때 어떻게 반응할지를 말이다. 게다가 세상에서 제일 사랑하는 엄마다. 이렇게 대답하지 않을까?

"엄마, 이거 정리하고 밥 먹어야 하는 거죠?"

만약 이렇게 했는데도 여전히 통하지 않는다면 변화구를 던져보는 것도 하나의 방법이다. 멀리서 큰 소리로 부르지 말고 가까이 다가가서 아이가 엄마의 얼굴을 보도록 한 다음에 아이의 눈을 바라보며 짧게 말한다.

"준우야, 밥 먹자."

그리고 함께 장난감을 정리한 후에 화장실에 가서 손을 씻고 식탁으로 간다.

엄마는 자신과 아이의 시간 개념이 다르다는 것을 이해해야 한다. 엄마 입장에서 블록 놀이는 놀이 시간에 하는 것이고 지금은 밥 먹을 시간이다. 하지만 아이한테는 그런 시간 개념이 없다. 엄마는 시간을 아는 사람이지만, 아이에게는 아직 본능이 시간이다. 만약 아이의 본능이 엄마의 시간과 맞으면 문제없다. 그러나 아이가 원하는 것과 엄마가 권하는 것이 맞지 않을 때가 더 많다. 이럴 때는 아이가 이해할 수 있도록 말해야 한다. 아이를 존중하는 엄마의 말습관이 효력을 발휘할 때인 것이다.

아이의 입장을 먼저 생각하는 엄마

"우리 아들, 블록 놀이를 참 재밌게 하네. 근데 어쩌지? 이제 밥 먹을 시간이야. 이제 우리 맛있게 밥 먹을까? 밥을 먹으려면 장난감도 정리하고 손도 씻어야 하는데 엄마가 도와줄까? 아니면 혼자 할래?"

아이는 어떤 선택을 할까? 아이는 생각할 것이다. 엄마가 밥을 먹으라고 말했다면 그동안의 경험으로 보아 밥을 먹으러 가야 한다. 그러고 보니 배도 고프다. 밥을 먹으러 가기 전에 장난감 정리도 해야 한다. 물론 손도 씻어야 한다. 아이는 대답한다.

"엄마가 조금만 도와주세요."

"그래, 엄마가 한 바구니 책임질게."

'책임'이라고 이야기해서 어휘도 확장시키고 자신이 갖고 논 장난감은 스스로 정리하는 게 당연하다는 것까지 알려주자. 엄마는 아이가 혼자서 결정할 수 있도록 질문만 했다. 이래라저래라 명령하지 않았고 거슬리는 목소리도 오가지 않았다.

만약 속전속결하고 싶어 엄마의 권위를 내세워 다음과 같이 말했다고 가정해보자. 엄마는 큰 소리로 아이를 몇 번 부르다 답답한 채로 아이에게 간다. 물론 엄마는 이미 화가 나 있다.

> "그거 치우지 못해!" (아이의 속마음: 장난감은 소중한 건데 왜 화를 내며 치우라고 하지?)
>
> "엄마가 몇 번 말했어?" (아이의 속마음: 노느라고 못 들은 건데…….)
>
> "엄마가 3번이나 말했지?" (아이의 속마음: 못 들었는데?)
>
> "빨리 치우고 손 씻고 식탁으로 와."

사실 아이가 엄마가 원하는 대로 빨리 치우고, 손도 잘 씻고, 시간까지 딱 맞춰서 식탁으로 오는 일은 드물다. 이때 엄마의 말은 자신도 모르게 더 거칠어지고, 행복한 밥상머리가 아니라 짜증을 내며 억지로 먹이고, 또 먹는 고역만이 남게 될 뿐이다. 현명한 엄마가 되고 싶다면 순서를 정해야 한다. 블록 놀이를 잘하는 아이의 장점을 칭찬하면서 그만큼 중요한 일이 또 있으며, 그 또한 네가 잘해낼 것이라고 엄마의 말로써 확인시켜주면 된다.

"블록 놀이를 잘하더니 밥도 잘 먹네. 엄마는 아들이 세상에서 제일 자랑스러워."

Tip

아이의 자존감을 높이는 밥상머리 교육법

❶ 식사는 움직이면서 하면 안 된다고 가르친다

- 밥을 입에 물고 돌아다니지 않도록 한다.
- 밥그릇을 들고 아이를 쫓아다니며 먹이지 않는다.

❷ 아이가 먹을 수 있을 만큼 양을 정하게 한다

- 자리에 앉아 자신이 정한 양을 잘 먹으면 칭찬한다.
  "자리에 앉아 잘 먹었구나. 엄마는 약속을 잘 지키는 네가 자랑스러워."

❸ 식사 속도를 알맞게 조절한다

- 너무 빨리 먹는 것은 절대 금물이다. 천천히 꼭꼭 씹어 먹는 것이 중요하다.

❹ 식사 전후 감사 인사를 생활화한다

- 식사 전에는 "잘 먹겠습니다", 식사 후에는 "잘 먹었습니다"라고 말한다.

❺ 식사 자리를 아이가 잘 마무리하게 한다

- 가족 구성원 모두 자신이 먹은 밥그릇과 수저는 싱크대에 가져다 놓는다.

03 아이의 선택을 유도하고 존중하며 책임지게 하자

"알아서 한다구요."

아이가 엄마에게 요즘 가장 많이 하는 말이다.

"언제 할 건데?"

"글쎄, 오늘 중으로 할 거라구요."

날이 저물어 저녁을 먹을 때가 됐는데 아이는 여전히 꿈지럭거리는 것만 같다. 결국 엄마는 참다못해 한마디를 얹었다.

"알아서 한다고 했으니 해야지?"

"네, 알아서 한다구요. 오늘 아직 안 끝났잖아요."

엄마한테는 오늘이 다 저문 것만 같은데 아이는 오늘이 아직 안 끝났다고 말한다. 엄마와 아이의 의견 차이는 언제쯤 좁혀질까?

아이의 선택을 유도하고 존중하는 엄마

아이가 알아서 한다면 엄마는 사실 더 이상 바랄 게 없다. 알아서 한다는 것은 주체적으로 한다는 것이고 자기 주도적으로 한다는 것이며 독립적인 인간이라는 뜻이다. 양육의 목적은 '아이로 하여금 자립적인 인간이 되도록 하는 일'이며 엄마는 그때까지 '아이의 자립을 키우는 역할'을 해야 한다. 그러므로 아이가 알아서 한다는 말은 아이가 '다 컸다'라는 사실을 의미한다. 정말 고마운 일이다. 엄마의 역할도 이만하면 성공적이다. 아이가 알아서 한다는 전제하에 말이다. 그러나 아이는 여전히 말로만 알아서 한다고 하고 정작 하는 게 없다. 엄마의 눈에 비친 아이는 여전히 자신의 손을 타야 하는데, 아이는 그것을 간섭이라고 여겨 벗어나려고만 한다. 그러는 동안 엄마와 아이의 사이에는 균열이 생기고 점점 멀어진다. 혹은 엄마의 손에 자신을 맡겨버린 채 무능한 사람으로 자라는 쪽을 선택한다.

캥거루족, 돼지엄마, 잔디깎이맘이 되는 길을 기꺼이 선택하고는 아이가 정작 성인이 되어 독립하지 못하면 그때서야 무엇이 잘못되었는지 깨닫는다. 그러나 이미 늦었다. 되돌리기에는 너무 먼 길을 왔고, 회복하기에는 상처가 꽤 깊다. 그렇다고 아이에게 맡기자니 가르칠 것이 한도 끝도 없이 많다. "알아서 해"라는 말은 자칫 방임이 되고 아직 갈 길이 먼 아이는 계속 헤매다 지레 포기하거나 성장해야 할 시기를 놓칠 수 있다. 아이의 '알아서 한다'에 엄마의 '현명한 개입'이 여전히 필요한 이유다.

엄마의 역할은 아이가 알아서 판단하고 선택할 수 있도록 돕는 것이다. 그래서 아이가 자기 자신이 주체인 삶을 살아가도록 하는 것이다. 이 과정에서 아이는 선택하는 방법을 배우고 그 능력을 키워야 한다. 어른들도 매 순간 수많은 선택의 기로에서 고민하고 결정한다. 선택도 습관이다. 괜찮은 선택을 하려면 선택의 순간을 많이 경험해봐야 한다. 만약 엄마가 대신 선택해주는 경우가 대다수라면 아이는 그저 그대로 따라갈 뿐이다. 즉, 선택의 여지가 사라지는 것이다.

가장 대표적이면서 잘못된 엄마의 말이 "넌 아무 생각하지 말고 공부나 해"이다. '생각하지 말고'에는 선택할 필요가 없다는 뜻이 숨어 있다. 겉에서 보기에는 공부를 강조한 말이지만 속까지 들여다보면 선택의 여지없이 하루하루를 살아가는 무능력한 아이를 키우는 무서운 말이다. 아이가 선택을 한다는 것은 그만큼 아이를 키우는 일이다. 그렇기 때문에 아이에게 선택권을 주지 않는 것은 아이의 자존감을 존중하기는커녕 인정하지 않는다는 의미다. 아이가 스스로 무엇을 선택할지 고민하고 신중하게 결정하는 습관은 자신의 존재감과 연결된다. 그러므로 아이에게 선택권을 주고 충분히 고민하게 해야 한다. 하루 일과에서 아이가 직접 선택하는 것들이 많아야 한다.

학교에서 돌아온 아이에게 엄마가 말했다.

"손 씻고 간식 먹고 숙제하겠니?"

아무리 정중하게, 또 청유형으로 말했다고 해도 분명히 잘못된 말이다. "먼저 놀래, 아니면 숙제를 먼저 할래?" 아이가 생각하고 선택하게 해야 한다.

"애가 아무 생각이 없어요. 집에 오면 가방을 던져놓고 놀기만 해요."

그래서 그렇게 말했다고 했다. 그럴수록 사랑하는 마음을 담아 엄마의 의무를 수행해야 한다. "숙제는 있니?"라고 물었을 때 "있는데 이따가 할 거예요"라고 엄마 속을 뒤집는 대답을 한다면 엄마도 선택해야 한다. 평소처럼 할 것인가, 아이를 존중하며 아이가 선택하게 할 것인가. 진정으로 아이를 사랑하는 엄마라면 현명한 선택을 해야 한다. 그리고 그다음 관문인 '책임'까지 아이를 이끌어줘야 한다.

선택에는 책임이 따른다는 사실을 알려주는 엄마

아이가 스스로 판단해 선택했다면 이제 책임을 느끼게 할 차례다. '책임'은 말에서 시작해 행동으로 이어진다는 것을 가르쳐줘야 한다. 많은 엄마들이 중간까지는 꽤 성공적으로 수행하지만 마지막 순간에 어김없이 무너진다.

아이가 숙제를 안 하고 놀고만 있다. 아이에게 "알아서 할게요"나 "이따가 할게요"라는 말이 나온다. 다른 때 같으면 억지로라도 옆에

끼고 숙제를 시키겠지만 이번만큼은 작정하고 자립적인 아이로 키워 보리라 결심한다. 하지만 아이는 밤 10시가 되도록 숙제할 생각은 하지 않고 하품만 해댄다. 드디어 참다못한 엄마가 나선다.

"그럴 줄 알았어. 너를 믿은 내가 잘못이지. 이리 와서 얼른 숙제해."

안 하느니만 못한 '선택의 존중'이었다. 차라리 아이가 학교에서 돌아오자마자 선택이고 존중이고 다 제쳐놓고 억지로라도 숙제를 시키는 편이 더 나았다. 이럴 때는 "졸려? 그럼 자야지"라고 하는 것이 아이의 선택에 대한 진정한 존중이다. 그런데 선택을 유도하고 존중하려고 했던 마음이 대부분 여기서 무너진다. 엄마는 "그럴 줄 알았어"를 필두로 아이의 자존심을 상하게 하는 말을 쏟아붓는다. 아이로 하여금 자신의 일을 선택하게 하고, 엄마는 그 선택을 존중하며, 결국 아이가 그 선택에 대해 책임을 진다는 멋진 계획은 이미 허공으로 사라져버렸다.

그러면 어떻게 해야 할까? 엄마는 이미 엎질러진 물이라고 생각할 것이다. 하지만 절대 아니다. 그렇게 생각하고 수습하기 때문에 엄마가 더 화를 내는 것이고 아이가 더 짜증을 내는 것이다. 아이는 엄마한테 거친 말을 듣고 혼난 상태에서 숙제를 하니 학습 효과가 높을 리 만무하고, 엄마는 아이의 자존감을 키워주고자 세웠던 계획이 틀어져 괜히 더 속이 상한다. 자신감을 잃은 엄마는 아이에게 몇 배로 그 탓을 돌리면서 결국 급한 나머지 아이의 숙제를 대신해주는 사태까지 발생시키고 만다.

이럴수록 아이를 그냥 내버려두는 게 가장 좋은 방법이다. 숙제를 안 했는데도 졸려한다면 그냥 자게 하는 편이 낫다. 만약 엄마로서 마음이 조금 불편하다면 최소한으로만 언급하면 된다. "졸려? 잘 거야? 숙제는?" 정도로 간단하게 말하는 것이다. 이만큼만 해도 엄마의 역할은 충분히 했다. 아이가 "해야죠. 큰일 났다. 언제하지?"라고 자신의 실수를 깨닫는다면 이때는 도와주되 많이 개입하지만 않으면 된다. 반대로 아이가 태평하게 "네, 자야죠"라고 한다면 엄마도 그저 가볍게 인사하면 된다. "그래, 잘 자."

자존감과 자립심을 함께 키우는 엄마의 말

아이가 스스로 선택을 했다면 책임도 스스로 지게 해야 한다. 사실 여기에서도 실패하는 엄마들이 정말 많다. 신경이 쓰이고 목까지 치미는 무언가가 있기 때문이다. 만약 어젯밤에 숙제를 하지 않고 잠든 아이가 아침 일찍 일어나 숙제를 한다면 엄마는 칭찬도 비난도 할 필요가 전혀 없다. 그저 아는 척만 해주면 된다.

"숙제를 하는구나."

이때 아이가 숙제를 하느라 아침밥을 먹지 못하거나 세수를 대충 한다면 엄마 특유의 과잉 모성(?)이 발동해 또 사랑의 간섭을 하고 싶을 것이다. 하지만 본질을 잊지 말아야 한다. 지금은 아침밥이나 청결이 중요하지 않다. 숙제를 하겠다는 아이의 선택이, 그것을 통해 아이에게 자립심과 책임감을 키워주는 일이 가장 중요하다. 그렇다고 욕심을 내면 안 된다. 한번에 너무 많은 목표를 설정하면 길을 잃고 만다. 아이가 스스로 선택하고 책임지게 하는 것은 아이의 자존감을 존중하며 자립심을 키워주는 중요한 일이다. 무엇이든 중요한 과업을 완수하는 데는 인내와 반복이 필요하다.

혹시 아직 선택에 서툴러서 "엄마, 이거 먼저 해요? 저거 먼저 해요?"라고 자꾸 묻는 아이가 있다면 이렇게 말해주면 된다.

"어떤 일을 먼저 하고 싶어?"

"네가 선택하면 어떨까?"

처음에는 잘하지 못할 가능성이 높다. 하지만 엄마가 아이의 선택을 전적으로 믿는다는 신호를 보내면 자신감이 생긴 아이가 고민을 하며 점점 더 나은 선택을 하게 될 것이다. 이런 과정을 통해 아이의 자존감은 물론 자신감까지 길러질 것이다. 선택과 결정, 다음과 같은 엄마의 말이 아이를 키운다.

"네가 숙제를 먼저 하기로 선택한 것은 정말 잘한 일이야."

선택만 하고 지키지 않는 아이를 위한 교육법

Tip

선택권은 아이에게 주되, 경우에 따라 부모가 개입할 수도 있다. 아이가 늘 합리적으로 판단하는 것은 아니기 때문이다.

❶ TV 시청에 대한 약속과 선택

- TV를 보기로 한 약속 시간을 어겼을 때
  "TV는 50분까지만 보기로 해놓고 왜 약속을 안 지키는 거니?" (×)
  "이제 그만 볼 시간이네. 시계를 한번 볼까?" (○)

❷ 취침 시간에 대한 선택

- 10시에 자기로 해놓고 안 자고 있을 때
  "빨리 자. 아까 10시에 잔다고 네가 말했잖아." (×)
  "잘 시간이야. 얼른 준비하고 5분 안에 잠자리에 들자." (○)

04 아이의 숨겨진 장점을 이끌어내는 말을 하자

"'엄마~' 하고 달려와서 안기는데 물이 묻을까 봐 '저리 가. 이거 마치고 엄마가 갈게'라고 했어요. 그런데 제가 일을 다 마치고 가니까 아이가 울고 있는 거예요. 그래서 '왜 울어?'라고 물었어요. 아무 말도 안 하길래 '왜? 말 안 해? 그럼 엄마도 말 안 해'라고 했더니 '엄마가 저리 가라고 했잖아요' 하며 또 울먹거리는 거예요. 아무리 여자아이라지만 잘 삐치고 너무 소심해서 무슨 말도 못하겠고 정말 걱정이에요. 아직은 유치원생이라 이해하려고 하지만 초등학교에 들어가서도 그러면 어떡하나 걱정이에요. 워낙 예민한 아이라 상처를 많이 받을까 싶어서요. 그리고 무엇보다 제 자신이 아이의 성격을 이해하지 못해서 화가 날 때가 많아요."

상담을 요청한 엄마의 사연이다. 엄마의 말을 정리해보면 '아이가 소심하고 잘 삐친다. 그런 아이를 보면 걱정이고 그래서 화가 난다'라는 것이다. 비교적 객관적으로 써내려간 글임에도 엄마의 걱정이 뚝뚝 묻어났다. 엄마는 '걱정'이라는 말을 몇 번씩이나 반복했다. 물론 걱정이 많으니 상담을 요청했을 것이다. '걱정한다고 걱정이 없어지면 걱정이 없겠네'라는 티베트 속담이 있다. 철학적이지만 무겁지 않은 이 말을 떠올릴 때마다 '세상사 걱정이 많긴 많구나' 하고 미소가 지어지며 모두 비슷한 처지가 아닌가 싶어 안심도 된다. 아이를 키우는 엄마에게 근심과 걱정은 친구나 다름없다. 아이를 잘 키우고 싶은 엄마에게 이 말을 들려주며 '아이를 걱정하는 엄마의 말'을 과감하게 버리라고 조언했다.

소심하고 예민한 아이를 잘 키우기 위한 절대 조건

'소심하다'는 말은 '대범하다'는 말과 대조적으로 쓰인다. 아이를 키우면서 자기 아이의 성격에 만족하는 엄마는 드물다. 사실 어른도 자신의 성격이 마음에 드는 건 아니지 않은가. 엄마가 되면 자신의 성격보다는 아이의 성격에 대해 생각을 더 많이 하게 된다. 심지어 결점이 없는 성격을 원하기도 한다. 하지만 그런 성격은 애초에 없다. 엄마들이 원하는 아이의 성격은 이미 완성된 인격체인 엄마조차 가질 수 없는 성격이다. 현장에서 수집한 '엄마들이 원하는 아이의 성격'을 살펴보면 이런 면이 여실히 나타난다.

- 뒤끝이 없었으면 좋겠다
- 쭈뼛거리지 않았으면 좋겠다
- 씩씩하고 용기가 있었으면 좋겠다
- 어떤 상황에서도 의연했으면 좋겠다
- 목소리가 크고 발표를 잘했으면 좋겠다
- 자신의 생각을 정확히 말했으면 좋겠다

여러 엄마들의 소망이 아니다. 모두 한 엄마가 적은 내용이다. 정말 놀랍지 않은가. 더 놀라운 사실은 그밖에도 엄마들은 '고난에도 꿋꿋한 성격'과 '상처받지 않는 성격'까지 원했다. "이런 성격을 갖추는 게 가능하기는 한가요?"라는 질문에 엄마들은 웃었다. 하지만 웃었다고 해서 엄마들이 얼토당토않은 것을 소망한다는 현실을 인정하고 포기함을 의미하지는 않는다. 아이에 대해 최상의 것을 원할수록 좋은 엄마가 된다고 믿고 있기 때문이다.

엄마들은 대체로 아이가 외향적이기를 바란다. 그러다 보니 '소심한 아이'를 둔 엄마의 걱정을 이야기하면 대부분의 엄마들이 공감 백배의 표정을 짓는다. 엄마들이 생각하는 소심한 아이는 대범하지 않고, 뒤끝이 오래가며, 걸핏하면 상처받고, 사회성이 부족하다. 그러니 큰일을 해내기에는 역부족해 걱정이 되는 성격일 수밖에 없다. 바로 여기, 엄마들의 걱정 속에 소심한 아이를 잘 키우는 비법이 숨어 있다. 대범하지 않은 아이는 조심스럽게 대하면 된다. 정확하고 간단히 말해서 소심한 아이를 잘 키우고 싶다면 아이한테 소심하다는 말을 안 하면 된다.

소심한 아이일수록 지나가는 말이 중요하다

소심한 아이는 매사 대충 넘어가지 않는다. 대충 듣지도 않는다. 말에 민감하고 말에 크게 영향을 받는다. 그러므로 소심한 아이에게는 걱정한다는 말을 삼가는 편이 최선이다. 칭찬하려고 지나치게 애쓰지 않아도 된다. 그보다는 단점에 대한 지적을 최소화하는 편이 현명하다. 예를 들어 지적하는 말은 다음과 같다.

"너, 또 삐쳤어?"
"도대체 너 듣는 데서 무슨 말을 못해."
"그 말이 뭐가 문제야? 그게 울 일이야?"

소심한 아이에게는 이런 말들이 울 일이고, 삐칠 일이며, 며칠 동안 입을 닫게 만드는 일이다. 그렇기 때문에 소심한 아이에게는 아이가 싫어하는 말을 삼가고 아이가 듣기 좋아하는 말을 해야 한다. 아이의 성격을 운운하기 전에 그 성격을 마치 비난받을 것으로 규정짓는 엄마의 말습관을 바로잡으라는 이야기다.

"너, 그런 성격으로 어떻게 친구를 사귀니? 엄마니까 이해하고 받아주지, 그런 성격으로 친구를 잘도 사귀겠다"라는 말로 아이의 친구관계에 태클을 거는 엄마가 있었다. 초등학교 5학년 예지의 엄마였다. 예지는 또래에 비해 체격도 작았고 목소리도 작았다. 당연히 자신감도 부족했다. 친구가 없는 것이 예지의 가장 큰 고민이었다.

"초등학교 들어가서 얼마 안 됐을 때였어요. 그때 저는 엄마가 너무 서운하고 억울한 말을 해서 울었던 건데 엄마가 느닷없이 그런 성격으로 학교를 잘도 다니겠다, 친구들은 그런 성격 절대 안 받아줘, 이렇게 말씀하셨어요."

그 후로 예지는 친구와 문제가 생기면 '그럼 그렇지. 내가 무슨 친구를 사귀겠어?' 하며 문제를 해결하기보다는 그저 자신의 성격적 결함으로 원인을 돌렸다. 그러다가 친구를 사귀는 일이 두려운 아이로 변했다. 엄마의 말이 낙인 효과를 불러일으킨 것이다. 사실 소심한 아이는 꽤 있다. 그런 아이를 보면 엄마는 속상하다. 어떻게든 고쳐주고 싶다. 그래야 아이의 인생이 활짝 펼쳐질 것 같기 때문이다. 하지만 고치려고 하면 안 된다. 그저 인정하고 자신감을 불어넣어줘야 한다. 예지에게는 격려가 필요했다. 예지 엄마에게 "그런 성격으로…"라는 말을 하지 말라고 조언했다. 그리고 무엇이든 잘할 때마다 지나가듯이 또는 무심한 듯이 칭찬을 하라고 했다. 소심한 아이일수록 오히려 지나가는 말에 민감하게 반응하기 때문이다.

"우리 예지는 찬찬하고 꼼꼼해서 한번 한 일은 다시 할 필요가 없단 말이야."

이 정도의 칭찬이고 격려였다. 평범한 처방이 놀라운 결과를 가져왔다. 예지는 심지어 신체적인 성장까지 이뤄냈다. 구부러진 어깨도 펴졌다. 아이의 마음이 펴지자 몸도 펴진 것이다.

소심한 아이를 섬세한 아이로 키우는 엄마의 말

"너, 그 성격 고쳐. 소심하기는."

이런 말을 하는 엄마의 습관부터 고쳐야 한다. 아이에게 도움이 안 되는 말을 너무나 쉽게 내뱉는 엄마의 습관부터 바꾸자는 것이다. 정말로 좋은 엄마가 되고 싶다면 아이에게 말하기 전에 자기 자신에게 먼저 내면의 언어로 속삭여야 한다.

'아이의 단점부터 말하고 보는 나부터 먼저 고치자.'

엄마가 생각하기에는 아무것도 아닌 일로 아이가 삐쳤다고 가정해보자. 사실 이럴 때는 아이가 삐친 일을 굳이 들추지 말고 모른 척할 필요가 있다. 그리고 주의를 얼른 환기시키자. 아이가 평소 하고 싶어 하던 일, 좋아하는 일로 이끌며 엄마부터 얼굴을 활짝 펴고 밝은 목소리로 아이를 대한다. 이런 아이일수록 감수성이 발달해서 말을 더 빠르게 흡수한다. 물론 어떤 말을 해도 대범하게 툭 받아치고 잘 삐치지도 않으면 양육이 수월하고 성격도 좋아 보이겠지만, 이런 경우 무심하거나 남의 감정에 아랑곳하지 않을 가능성이 높다. 이처럼 아이의 섬세한 기질과 성격적인 특징을 알아차렸다면 이것을 꾸짖거나 비난하지 말고 말에 민감한 아이임을 인정하고 엄마가 말을 더 조심하면 된다.

"저리 가 있어"라고 하기보다는 "(안아주며) 엄마가 보고 싶어서 왔어? 그런데 지금 엄마가 마저 일을 해야 하거든. 잠깐만 기다릴 수 있어?"라고 하면 말에 민감하고 섬세한 아이는 더 빨리 알아듣는다. 엄마의 말이 소심한 아이를 섬세한 아이로 키운다. 아이의 타고난 기질과 성격은 부모라는 환경에 영향을 받는다. 아이가 '인정하고 이해하는 부모'라는 환경을 만나면 감정 이입과 공감 능력이 풍부한 사람이 되고, 그렇지 않으면 매사 위축되고 왜곡된 사람이 된다.

소심해 보이는 내 아이, 알고 보면 섬세함과 더불어 세상을 읽어내는 탁월한 능력이 있는 아이다. 아이가 이해와 지지를 받으면서 자란다면 자신감을 갖고 자기의 능력을 충분히 발휘할 것이다. 그러므로 엄마는 '꼼꼼하다, 침착하다, 신중하다, 생각이 깊다, 배려심이 있다, 욱하지 않는다' 등 아이 내면에 숨겨진 장점을 자꾸 이끌어내야 한다. 수전 케인Susan Cain의 『콰이어트Quiet』를 보면 아이의 섬세함이 세상을 이끌 잠재력임에 동의할 수밖에 없을 것이다. 단 한마디 말에도 영향을 받는 아이, 자존감을 키워주고 섬세한 아이가 되는 한마디 말을 진심을 담아 해보자.

"어쩌면 이렇게 찬찬하고 꼼꼼할까?"

소심한 아이의 자존감을 키우는 엄마의 말

❶ 상황을 인정하는 엄마의 말

- "다들 괜찮은데 왜 너만 유난히 그래?" (×)
  "낯설어서 불편한 거구나." (○)
- "엄마가 혼낸 거 아니라니까 그러네. 아직까지 안 풀렸어?" (×)
  "엄마가 혼낸 거 아닌데 속이 상했구나." (○)

❷ 섬세한 아이일수록 조심해야 할 엄마의 말

- "넌 도대체 왜 그러니? 그런 성격 좀 고쳐."
  고치라는 말은 '잘못됐다', '틀렸다'라는 뜻을 내포해 아이가 '나는 별 수 없어'라는 각인을 하게 되므로 삼간다.

❸ 섬세한 아이를 격려하는 엄마의 말

- "어쩌면 그렇게 남의 마음을 잘 헤아리니? 생각이 참 깊구나."
- "어쩌면 이렇게 찬찬하고 차분할까?"
- "우리 딸이 정리하면 엄마가 따로 해줄 게 없어. 참 꼼꼼해."

05 아이의 장점을 자세히 말해주자

"아이가 자기는 장점을 아무리 찾아봐도 없다는 말을 자주 해서 정말 속상해요. 부모인 저희 눈에는 전혀 부족함이 없어 보이거든요. 실제로도 정말 잘하고 있고요. 아빠를 닮아서 수학도 꽤 잘하는 것 같고, 저를 닮아서 인문학적인 소양도 있어요. 보통 다른 집은 오히려 엄마 아빠가 '누구 닮아서 그러니? 그래서 뭐가 될래?' 이런 말을 하면서 아이의 자존감을 무너뜨린다는데, 저희는 그런 말 한 번 안 하고 키웠거든요. 그런데 드디어 어제 문제가 터졌어요. 초등학교 3학년인 딸아이가 반장 선거에서 떨어져 부반장이 되었는데 부반장 같은 거 안 한다고 펑펑 울면서 이렇게 말하는 거예요. '이번에 반장 된 애, 사실 걔는 근자감 빼고는 아무것도 없는 애라구요.'"

'근자감'이라는 말을 자주 듣는 요즘이다. 근자감은 준말로, 본말은 '근거 없는 자신감'이다. 상담을 할 때마다 중학생들이 자주 써서 "근자감이라는 거, 그거 허세 아냐?"라고 물었더니, "아뇨, 허세와는 달라요. 허세는 뻥치는 거지만 근자감은 그야말로 자신감이거든요"라고 답했다. 아이들과 대화를 나누다 보니 근자감이라는 샘물의 원천은 허세도 과장도 아닌, 바로 엄마의 말이었다. 아이의 자존감을 키워주고 자신감을 불러일으키는 엄마의 말은 과연 무엇일까?

자존감과 자조감 사이

자존감과 자신감은 그 뜻이 분명히 다르다. 하지만 아이들은 자존감과 자신감을 같은 선상에서 사용하고 있었다.

"걔는요, 심지어 단점을 지적해도 곧바로 맞받아치지 않아요. 그래? 나한테 그런 면이 있었어? 이렇게 말하면서 씨익 웃기도 해요. 완전 자신감이 넘쳐요."

오랫동안 유치원생들이나 초등학생들을 관찰하고 상담한 결과 아이들의 자존감은 자신감으로 나타난다는 사실을 확인하게 되었다. 물론 자존감과 자신감이 다르기는 하지만 부모는 굳이 그렇게까지 생각하지 않아도 된다. 아이의 자존감 키우기를 자신감 키우기라고 생각하면 조금 더 현실적인 접근과 실천이 가능하다.

아이의 자존감은 부모가 알지 못하는 의외의 영역에서 생기고 꺾인다는 사실을 잘 보여주는 사례가 있다. 부모의 의도는 아주 좋았지만 그것이 제대로 전달되지 않아 오히려 독이 된 사례, 자존감은커녕 자조감自嘲感만 키운 사례였다.

경제 교육과 결핍 교육을 동시에 할 겸 집안이 넉넉하지 않다고 자주 말했던 엄마는 아이가 고등학생이 되었을 때 아이로부터 충격적인 이야기를 들었다. 아이는 중학교 때 1년 과정으로 미국에서 어학연수를 했다. 어느 날 아이가 당시를 회상하며 "엄마, 난 그때 친구들이 놀러 가자고 해도 안 갔고, 어쩌다가 쇼핑을 하러 가도 아무것도 안 샀어"라고 너무나 진지하게 말하는 것이었다. 친구들이 70%나 할인된 옷을 살 때조차도 사지 못해 친구들이 "너는 왜 안 사? 관심 없어?"라고 물어봐서 울고 싶었던 이야기, 그래서 자기가 가난한 집 아이라는 사실을 들킬까 봐 일부러 화장실에 가서 오래 있다가 나왔다는 이야기를 들으며 엄마는 아연실색했다고 했다. 엄마는 뒤늦게 "우리 집이 그렇게 가난했으면 너를 어떻게 유학을 보냈겠어?"라고 했지만 가만히 들어보니 아이가 당시 느꼈던 감정은 열패감과 자조감이었다. 아이의 용돈을 최대한 절제해 공부에만 전념시키겠다는 엄마의 단편적인 생각이 문제였다. 미국에서 아이를 대신 돌봤던 가디언은 엄마와의 약속대로 용돈을 최소로 주었고, 그래서 아이는 점심이 부족했던 날조차도 돈을 아꼈다고 했다.

엄마의 말을 요약하면 엄마도 가디언도 아이에게 정신적으로 과한 압력을 준 건 아니었다. 하지만 경제적으로는 더 이상 과할 수 없는 압력이었고, 이것이 아이한테는 자신의 입지가 엄청나게 위축되는 경험으로 작용했다. 어학연수를 마치고 한국에 돌아온 아이는 원래 나이보다 1년을 늦춰 중학교 2학년으로 편입했는데, 오랫동안 적응을 하지 못하고 힘들어했다. 부모는 '괜히 유학을 보냈나?', '친구들은 모두 3학년인데 혼자 후배랑 다녀서 그런가?', '미국에 다시 가고 싶나?' 등 추측을 하며 전전긍긍하면서도 한편으로는 '괜히 으스대는 허세가 많이 줄고 의젓해졌네'라고 흐뭇해하기도 했다. 그런데 정작 아이는 미국에 가 있는 동안 가난한 형편에 유학을 보내준 부모에게 너무 미안해 친구들이 모두 모여 파티를 할 때도 배가 아프거나 숙제가 많다는 등 이런저런 핑계를 대며 빠진 채 혼자 집에서 이불을 뒤집어쓰고 울었다니 엄마로서는 기가 막혔던 것이다. 그동안 외식을 하려고 할 때마다 아이가 "우리 집은 돈이 없으니까 아껴야 해요"라고 말했던 것은 기특한 생각이 아니라 유학 중 느꼈던 가난에 대한 열등감과 자조감 축적의 표출이었던 셈이다.

아이를 잘 키우고 싶어서 시도했던 결핍 교육이 오히려 독이 된 사례였다. 만약 엄마가 없는 형편에 유학을 보낸다는 말 대신에 절약과 결핍 교육에 대해 충분히 이해할 수 있게 이야기했다면 어땠을까? 아이는 자조감에 빠져 갈등하는 동안 수많은 가치를 잃었다. 그중 가장 크게 잃은 것이 자존감이었다. '집안이 어렵다고 하면 아이가 돈을 아껴 쓰겠지. 사춘기인데 부모와 떨어져 있어 통제도 안 되는데 풍족하면 괜히 친구들과 휩쓸려 다니면서 불필요하게 낭비하느라 공부까지 소홀할 수 있어. 그러니 없다고 해야겠다'라는 것은 엄마의 생각일 뿐이다.

엄마가 아이에 대해 상담을 하게 된 결정적 계기는 아이의 '걸핏하면 다른 사람을 탓하면서 단점을 들추는 습관' 때문이었다. 자기 자신을 진심으로 존중하는 아이는 내가 소중하면 다른 사람도 당연히 그런 줄 안다. 나만 소중하게 여기는 이기적인 생각이 아니라 다른 사람도 소중하다는 사실을 아는 것이다. 자존감이 낮은 아이들을 잘 살펴보면 내가 아닌 다른 사람의 장점을 도무지 인정하지 않는다. 예를 들어 친구가 예쁜 옷을 입고 오면 "어머, 정말 예쁜 옷이네. 잘 어울려"라는 말조차도 아낀다. 이것은 아이가 수줍은 성격이거나 내향적이라 표현을 잘 못하는 것과는 완전히 다른 문제다. 단점을 들추거나 잘못을 지적하는 말은 오히려 아주 편하게 한다. "너, 어제는 머리 예뻤는데……." 이런 식이다. 어제 머리가 예뻤다면 그때 칭찬을 했어야 했는데 하지 않았다. 그러면서 오늘은 어제에 비해 예쁘지 않다는 표현을 하는 것이다. 이런 아이들에게 왜 그러느냐고 물어보면 "칭찬하면 오글거려요. 가식덩어리 같지 않아요?"라고 한다. 칭찬을 하기가 겸연쩍다는 것이다. 그래서 "지적하는 말을 하는 건 괜찮아?"라고 했더니 "솔직해 보이잖아요"라고 대답한다. 칭찬은 포장하는 말처럼 느껴지고 지적은 정직한 말처럼 느껴져 아이는 점점 더 꼬인 말만 한다. "너는 왜 입만 열면 지적질이니?"라는 친구들의 말에 상처를 받으면서 말이다. 어떻게 하면 아이가 자기 자신이 근사한 인격체임을 깨닫고 존중하며 이것을 바탕으로 다른 사람의 장점을 자연스럽게 인정할 수 있게 될까?

장점을 자세히 말할수록 자존감이 올라간다

아이의 자존감을 키워주는 가장 좋은 방법은 기회를 만들어서라도 아이의 장점을 찾아 말해주는 것이다. 그것도 아주 자세히 말해줘야 한다. 결핍 교육을 하겠다고 결심했다면 아이가 절약을 하거나 사고 싶은 물건이 있는데 잘 참는다고 느껴질 때, 바로 그때를 놓치지 말고 자세히 말해줘야 한다. 이를테면 손을 씻을 때 비누칠을 하면서 물을 잠갔다면 "물을 아껴 쓰는 좋은 습관을 가졌네"라고 말하면서 칭찬하는 것이다. 이제부터라도 아이에게 장점을 자세히 말해주며 아이의 가치관을 비관에서 낙관으로 부정에서 긍정으로 바꿔야 한다. 아이의 자존감을 키워주는 대화를 시도해야 한다. 예를 들어 식사 시간에는 이렇게 해보면 어떨까?

"밥을 참 맛있게 먹는구나. 엄마가 우리 딸 먹는 모습을 보면 보람을 느껴."

"우리 아들 젓가락질이 예술이야. 진짜 최고인 걸. 남자아이들이 젓가락질을 좀 늦게 배운다고 하던데 우리 아들은 벌써 아빠만큼이나 잘하네."

비교급이 늘 나쁜 것은 아니다. 자신감과 자존감을 키워주기 위해 여러 가지 방법을 동원할 필요가 있다.

"어느 날은 저도 아이와 함께 장점을 찾아보려고 노력했어요. 그래서 '네 장점이 뭐야? 뭘 잘해?'라고 물었는데 '나? 잘하는 거 없는데? 엄마도 알잖아'라고 해서 맥이 빠지더라고요."

부모라면 누구나 자신감이 넘치는 아이, 기가 펄펄 살아 있는 아이를 원한다. 지금까지 얼마나 노력해왔는가. 아이의 자존감을 키워주고 아이의 기를 죽이지 않기 위해 인고의 시간을 보낸 세월이 출산 후부터 지금까지라고 해도 과언이 아니다. 사실 부모의 의도와 생각이 아이에게 정확히 전달되리라는 기대는 처음부터 하지 않는 편이 현명하다. 마치 앞에서 언급했던 결핍 교육과 같은 맥락이다. 아이가 자신의 장점을 찾지 못해 고개를 숙인다면 무조건 속상해하지 말고 여유를 가져야 한다. 드디어 좋은 기회가 온 것이기 때문이다. 엄마의 장점부터 이야기하자. 물론 아이가 납득할 만한 장점을 이야기해야 한다. "엄마는 잘 웃어"라고 했는데 아이가 "엄마가 잘 웃는다고? 언제?"라고 받아쳐서 미처 말을 다 하기도 전에 "됐어. 내가 너랑 무슨 말을 하겠니?"라고 했다는 엄마의 이야기도 떠오른다. 그러므로 엄마도 평소에 자존감을 키워야 한다. 방법은 간단하다. 자신의 장점을 자주 생각해보는 것이다.

일상에서 아이의 자존감을 키우는 '장점 말놀이'

엄마가 아이에게 장점을 말해주는 방법은 그리 어렵지 않다. 아주 사소하면서도 평범한 것, '이런 것도 장점일까?' 하는 생각이 들 만큼 소소한 것부터 접근하면 된다.

"엄마는 밥을 아주 맛있게 먹어. 엄마는 걷기를 참 좋아해. 엄마는 꽃도 좋아해. 예쁜 그릇도 좋아하고. 그리고 엄마는 목소리도 커."

"엄마는 목소리도 커"라는 대목에서 7살짜리 아들이 크게 웃으며 "맞아, 맞아. 엄마는 목소리가 진짜 커. 근데 그것도 좋은 점이야?"라고 물어서 난감했다고 했다. 이때 "응. 목소리가 큰 건 장점이야. 여러 사람들이 쉽게 이야기를 들을 수 있잖아. 하지만 그 사람들을 방해할 정도로 크게 해서는 안 돼"라고 목소리 조절까지 가르쳐주면 보다 효과적이다.

여전히 자신의 장점을 쭈뼛거리면서 말하지 못하는 아이라면 엄마의 장점 한 번, 아이의 장점 한 번 말하는 식으로 시도하면 된다. 아이가 즐기면서 따라 할 수 있게 이끄는 것이 가장 중요하다. 예를 들어 "엄마는 잘 걸어", "민지도 잘 걸어"라고 하면 된다. 이때 평소 아이가 잘하는 것을 엄마가 예리하게 포착해 먼저 언급해주면 아이의 말문이 훨씬 수월하게 열린다. 대변을 잘 보는 유아기의 아이에게 엄마가 "엄마는 응가를 잘해" 하면 아이는 "나도 응가를 잘해" 하며 장점의 말문을 열 것이다. '장점 말놀이'를 할 때 엄마가 아이에게 '나도'보다는 '나는'으로 말하라고 하면 처음에 아이는 엄마를 따라 하다가 시간이 지날수록 스스로 장점을 찾아내려고 할 것이다.

"나는 노는 걸 좋아해."
"엄마는 노는 걸 좋아해."

이처럼 꼬리에 꼬리를 물고 이어지는 장점 릴레이는 즐겁게 아이의 자존감을 키우는 방법이다. 사실 잘 놀고 잘 먹고 잘 걷는 것만큼 큰 장점이 어디 있을까. 이런 것들이 모두 장점임을 평소 아이에게 자세히 이야기해주자. 그러면 아이가 자신의 장점을 수시로 찾아 말하며 자신감을 키울 뿐만 아니라 장점의 목록이 조금 더 세부적으로 발전할 것이다.

"나는 노래를 잘해."

"엄마는 피아노를 잘 쳐."

스스로 장점이 많다는 사실을 알아차린 아이의 눈에는 다른 사람의 작은 부분도 장점으로 보일 것이다. 다른 사람의 장점을 칭찬하며 그 가운데서 긍정적인 관계를 맺고 세상을 살아가게 될 것이다. 지금까지 아이는 일상에서 너무나 잘하고 있었는데도 엄마 생각에 너무나 당연했던 나머지 칭찬 한 번 듣지 못한 부분이 정말 많을 것이다. 이제부터 그 장점들을 하나씩 찾아내 이야기해주면 된다. "너는 대단히 훌륭한 존재야"라고 굳이 거창하게 말할 필요가 전혀 없다.

"우리 아들, 걷는 모습이 참 멋지네."

"우리 딸, 웃는 표정이 참 예쁘네."

가끔씩 구체적으로 장점을 찾아내 말하는 것이 조금 지루하다고 느껴진다면 아이를 경이롭게 바라보며 이렇게 말하면 된다.

"딸(아들), 좋은 점이 너무 많아서 표현할 수가 없을 정도야."

아이의 장점을 찾아내는 엄마의 말

Tip

일상적으로 이뤄지는 일에 '잘'을 붙이면 모두 장점이 되는 마법 같은 상황이 벌어진다.

① 밥을 먹을 때

- "밥도 잘 먹네."

② 인사를 할 때

- "어쩌면 인사도 이렇게 잘할까?"

③ 양치질을 할 때

- "양치질도 참 잘하네. 어디 한번 이를 볼까? 반짝반짝하다."

④ 학교 갈 준비를 할 때

- "학교 갈 준비를 잘했구나. 혹시 엄마가 도와줄 일은 없었어?"

Chapter 2

아이의 공감 능력을 높이는 엄마의 말습관

아이를 키우는 엄마가 가장 잘 알면서도 실천하기 굉장히 어려워하는 것 중 하나가 '아이와 공감하기'다. 엄마가 아무리 노력한다고 해도 아이의 감정을 다 알 수 없기 때문이다. 사실 엄마와 아이 사이의 여러 가지 문제는 공감 부족에서 시작되는 경우가 많다. 엄마와 아이의 의견 대립이 감정싸움으로 치달으면 엄마의 육아 상황이 심하게 꼬인다. 이때 악순환을 선순환으로 바꾸는 것이 바로 아이 감정 읽어주기 육아다. 아이의 감정을 읽어준다는 것은 '마음대로 해라'가 아니다. 엄마가 아이의 마음을 알아주는 일이고, 마음대로 안 될 때 코치해주는 일이며, 더 좋은 방법을 실천하도록 안내하는 일이다. 엄마는 말로써 아이의 감정을 충분히 읽어줄 수 있으며, 아이는 그 과정 속에서 시나브로 공감 능력을 발달시켜나간다.

01 아이의 말을 최선을 다해 경청하자

며칠째 시무룩해져 있는 딸아이가 오늘은 학교에서 돌아오자마자 방에 들어가더니 나오질 않는다. 잠시 후 노크를 하려다가 엄마는 멈칫한다. 방에서 흐느끼는 소리가 난다. 소리가 안 나게 살짝 방문을 열었다. 아이가 이불을 뒤집어쓴 채 들썩거릴 만큼 크게 울고 있다.

"왜? 왜 그래? 무슨 일 있었어?"

"……."

딸은 대답을 하지 않고 더 크게 운다. 엄마도 갑자기 울고 싶어졌다.

"무슨 일이야? 왜 우는 건데? 며칠째 말도 안 하더니……. 엄마도 네 눈치 보느라 힘들어. 엄마한테 말해줘야 알지."

엄마 딴에는 마음을 가라앉히며 나름 조심스레 이불을 살짝 들추고 딸에게 말을 건넸다. 그런데 고개를 번쩍 든 눈물범벅의 딸이 이렇게 말하는 것이 아닌가.

"엄마, 나가. 누가 들어오랬어?"

그동안 딸의 눈치를 살피며 쌓였던 스트레스가 엄마 자신도 모르게 확 폭발했다.

"어디에다 대고 화풀이야? 늘 받아주고 절절매니까 엄마가 엄마로 안 보여?"

문제를 파악하고 해결 방법을 제시하는 경청의 마법

가뜩이나 신중하고 내성적인 아이라 엄마는 말 한마디를 할 때도 아이의 기분을 살피며 상처받지 않게 조심해왔다. 하지만 이날은 이불까지 뒤집어쓰고 우는 아이가 안쓰러워 엄마도 평정심을 잃어버리고 말았다. 울음을 그치고 들려준 아이의 문제는 다음과 같았다. 친구에게 돈을 2,000원이나 빌려줬는데 돌려주기는커녕 "그깟 돈 2,000원 갖고 시시하게 그런다"라고 다른 친구에게 자신에 대해 오히려 나쁘게 말했다는 것이다. 우선 엄마는 "어쩌면 초등학교 2학년이 2,000원을 그깟 돈이라고 표현하니? 걔네 집은 돈이 그렇게 많대? 그러면서 왜 너한테 빌려달라고 했대?"라고 아이를 위로한 후, "엄마가 그 애한테 말할까, 아니면 선생님한테 말해줄까?"라고 해결책 모색을 위한 말을 건넸다. 하지만 아이는 모두 거부했다. 그럴수록 엄마는 안쓰러운 마음이 더해져 화가 났다. 아이가 되도록 좋은 일만 경험했으면 좋겠는데 안타깝기만 했다. 그러다 보니 엄마의 마음과는 전혀 다른 말이 툭 튀어나왔다.

"그러니까 왜 빌려줬어? 친구라면서 걔 성격 몰랐어? 왜 못된 애를 사귀고 그래?"

엄마는 어떻게 말하면 좋을까? 안타깝고 속상하다 보면 감정적인 말이 튀어나와 문제의 본질을 파악하기도 전에 엄마도 아이도 감정에 휩쓸리고 만다. 그럴수록 누구의 문제인지 파악하는 것이 우선이다. 아이 혼자 힘으로 해결하기 어렵다면 보호자가 나서야 하지만 아이들 사이의 문제는 아이들끼리 푸는 편이 훨씬 좋다. 아무리 아이가 안쓰러워도 걱정의 말을 하기 전에 문제의 주체와 핵심부터 살펴봐야 한다. 엄마가 나서서 도와줄 일인가, 즉 개입해서 좋을 일인가, 아니면 좋지 않은 일인가를 먼저 파악하는 것이다.

문제를 잘 파악하려면 최선을 다해 아이의 말을 경청해야 한다. 아이의 말을 끊지 말고, 엄마 생각에 '안 봐도 비디오, 안 들어도 오디오'라고 할지라도 섣부르게 결론을 내리지 말고 다 들어줘야 한다. '한국말은 끝까지 들어봐야 안다'라는 말은 우스갯소리가 아니다. 경청의 중요성을 아주 잘 보여준다. 특히 아이의 말일수록 최선을 다해 경청해야 문제의 진원지를 파악하고, 부모의 개입 여부와 해결 방법의 모색까지 가능해진다. 당연히 듣는 표정도 '엄마가 잘 듣고 있어. 엄마한테 말하렴'이 되어야 한다.

"엄마가 들어줄게"로 시작한다

"안심해. 엄마가 들어줄게."

엄마의 이 말은 두렵고 불안한 아이의 마음을 안심시켜준다. 가뜩이나 서럽고 힘든 상황이라면 엄마의 똑똑한 판정보다는 꼭 껴안아주는 감성이 훨씬 강력한 힘을 발휘한다. 엄마가 아이의 안전기지가 되어주라는 의미다. 여기에 엄마의 스킨십이 더해지면 더 좋다. 손을 따뜻하게 잡아주거나 머리를 쓰다듬어주며 엄마의 '소리 말'만큼이나 부드럽게 '몸 말'을 전한다. 그리고 어떤 상황에서도 다그치는 말은 삼간다. "안심해. 엄마가 들어줄게"라고 했지만 아이의 말을 듣다 보면 부아가 치밀 때도 있다. 그때 무심코 다그치거나 비난하면 안 들어주느니만 못하다. 엄마가 잘 들었다는 표현을 해야 한다.

"그랬구나. 정말 속상했겠다."

그다음에 아이에게 도움을 주는 말을 하면 된다.

"어떻게 하면 좋겠니?"

아이가 별다른 대답을 하지 않는다면 엄마의 생각을 제안해도 좋다. 그러면 이런 대화가 이어지지 않을까?

"엄마, 내가 지난번에도 걔한테 500원을 꿔줬는데 그것도 안 갚고, 내가 달라고 하면 시시하게 그런 것 갖고 그러냐고 친구들한테 나에 대해 나쁘게 말해."
"그랬구나. 지난번에도 500원을 빌려줬는데 안 갚고 너에 대해 나쁘게 말했구나."

이렇게 엄마가 아이의 말과 감정을 정리해주면 좋다. 아이 입장에서는 지금 감정이 격해진 상태이므로 누군가 정리해주면 자신의 감정을 정확히 인지하게 된다. 엄마의 입장에서 아이의 말을 정리하는 것은 아이의 생각을 정확히 읽는 데 도움이 된다. 그렇지 않으면 말하는 아이와 듣는 엄마의 내용이 일치하지 않아 대화의 정확도가 떨어질 수 있다. 이럴 때는 엄마가 자신의 말에 생각을 섞지 말고 단순하게 아이의 말을 중계해주면 된다. 그다음에 아이한테 물어보는 것이다.

"그래서 넌 친구에게 어떻게 말했어?"

(따지는 말투로 들릴 수 있으므로 반드시 유의한다.)

"빌려준 거니까 갚는 게 당연하다고 했어."

혹은 "몰라", "……" 등 아이의 성격에 따라 여러 가지 대답이 나올 수 있다. 때로는 답답하더라도 아이의 말을 듣기로 작정했다면 기다리면서 담담하게 반응해야 그다음까지 갈 수 있다. 이제 목적지에 다 다랐다. 과거는 이미 지나갔고 현재와 미래만이 남았다.

"그러면 이제 어떻게 할까?"

아이가 좋은 생각을 이야기하면 얼른 동의하고, 그렇지 않으면 같이 고민하면 된다. 함께 생각해보자고 제안하면 된다.

아이의 입을 여는 '말과 표정'이 '진짜 경청'이다

아이의 말을 경청했다고 해서 아이의 문제가 모두 해결되는 것은 아니다. "알았어. 엄마가 내일 학교에 가서 선생님에게 말해줄게"라고 하거나 "걔 엄마한테 말할게. 걱정하지 마"라고 한다면 아이의 근심만 키우는 일이 될 수도 있다. 아이의 앞길을 내주고 싶은 마음에 잔디깎이맘이 되어서는 안 된다. 아이의 친구는 제거할 잡초가 아니며, 아이의 문제가 단순한 것도 아니다. 엄마가 먼저 나서지 말고 아이가 도움을 요청하면 그때 진지하게 고민해봐야 한다. 알아서 나서는 엄마, 알아서 해결해주는 엄마는 아이가 처한 모든 상황에 아이 대신 인생을 살아주는 것이 된다. 아이의 역경 지수를 낮추는 일이 경청의 목적은 아니다. 엄마로서 나서고 싶고 간단하게 해결할 방법이 떠오르더라도 꾹 참고 이어가야 한다.

경청의 처음과 마지막은 '널 믿어'라는 말과 표정이다. 말로만 "엄마한테 무슨 말이든지 하렴"이 아니라 눈빛으로도 그래야 한다. 진심 어린 경청에는 입을 열게 하는 힘이 있다. 아이가 입을 열지 않는다면 아이 탓이 아니라 듣는 엄마 탓을 해야 한다. "또 입 다무네. 들을 준비 됐다니까"라고 한다면 얼마나 겉과 속이 다르다는 이야기인가. 입을 꾹 다문 채 엄마 속을 태우는 아이의 속은 얼마나 더 애타며 아플 것인가. 들을 준비가 된 엄마를 앞세우지 말고 말할 준비가 미처 안 된 아이의 마음을 알아주는 것이 사실 경청보다 먼저다. "엄마는 들을 준비가 끝났어"라고 아이에게 진심을 담아 말해야 한다. 아이의 대답을 기다리고 그래도 아이가 묵묵부답이라면 이렇게 말하면 어떨까.

"언제든 이야기하렴. 엄마가 들어줄게."

Tip

아이의 말을 경청할 때 주의할 점

❶ 꼬치꼬치 캐묻지 않는다

- "그래서? 왜? 넌 뭐라고 했는데?" 그러면 엄마는 자신도 모르게 실언을 할 수 있다. "그러니까 항상 당하기만 하지."

❷ 조급한 표정을 짓지 않는다

- "왜 말 안 해?", "아휴, 속상해" 등 믿지 못하겠다는 표정을 지으며 아이를 독촉하지 않는다. 아이의 말문만 닫게 할 뿐이다.

❸ 대화 중간에 판단하는 말을 하지 않는다

- "그렇게 말했다고? 그럼 안 되지", "네가 그러니까 걔가 그렇게 말한 거네" 등의 말은 아이가 말하고 싶은 의욕만 꺾을 뿐이다.

❹ 말하고 싶지 않은 아이의 마음을 알아준다

- "속상했지? 그럴 수 있어"라고 위로하며 아이의 감정이 나쁜 것이 아니라 당연한 것이라고 인정해주면 큰 도움이 된다.

02 아이의 감정을 진심으로 읽어주자

아이가 울면서 아빠한테 말한다.

"아빠, 어떡해. 금붕어가 죽었어."

아빠가 심드렁하게 대답한다.

"뭐? 금붕어가 죽었어? 무슨 그깟 일 갖고 그래. 오늘 아빠랑 피자 먹으러 갈까?"

아이가 계속 울자 아빠가 "왜 그래? 너 피자 좋아하잖아"라고 한다. 하지만 아이는 여전히 울음을 그치지 않는다. 아빠는 다른 방법으로 위로를 시도한다.

"그럼 아빠가 다른 금붕어 사줄게."

아이는 여전히 슬퍼한다. 그래도 이 정도면 좋은 아빠(?)다. 이렇게 달래는 아빠도 있다.

"난 또 뭐라고. 그깟 금붕어 한 마리 때문에 그래? 누가 들으면 엄마 아빠 죽은 줄 알겠다."

엄마의 반응에 따라 아이의 미래가 달라진다

언젠가 〈MBC 스페셜〉에서 방영했던 '내 아이를 위한 사랑의 기술'의 한 장면이 문득 떠올랐다. 요즘 들어 부모와 청소년 자녀의 대화에 대한 관심이 부쩍 늘어났기 때문이다.

"금붕어 한 마리 죽은 일 갖고 왜 울고불고 그래? 뚝 그치고 어서 가서 씻어."

예전에는 많은 부모들이 아이의 감정을 살피지 않았다. 만약 "어? 금붕어가 죽었어? 그래서 우리 ○○가 우는구나"라고 부모가 먼저 아이의 감정을 알아줬다면 아이가 커가면서도 소통이 어렵지 않았을 것이다. 대화란 서로의 마음과 감정을 공유하는 것이고, 할수록 늘어나는 것이며, 하지 않을수록 하기 힘들어지는 것이기 때문이다. 아이가 어려서는 감정을 무시하고 자라면서는 서로 바쁘거나 공부에만 치중한 나머지 다그쳤으니 이제 새삼 "네 마음을 말해줘. 엄마 아빠는 너와 이야기를 나누고 싶어"라고 한들 어디서부터 시작해야 할지 막막할 뿐이다. 그렇다면 어떤 엄마가 되어야 할까?

- "그깟 일(금붕어가 죽은 일)로 울어" 하는 엄마
- "뚝 그쳐. 무슨 큰일이 났다고 그래" 하는 엄마
- '시간이 지나면 알아서 그치겠지' 하는 엄마
- "금붕어가 죽어서 정말 속상하겠구나" 하는 엄마

"뭘 그런 걸 갖고 그래? 그게 속상할 일이야?"라며 아이의 감정을 일축시키는 엄마는 '축소 전환형'이다. 이런 반응을 보이는 엄마에게서 자란 아이는 자신의 감정 따위는 별로 중요하지 않다고 생각한다. 그리고 같은 경험이 반복될수록 아이의 결정력 발달에 좋지 않은 영향을 미친다. 오직 엄마의 감정에만 의지한 채 주도성과는 거리가 멀어지는 것이다.

"속상하긴. 너만 속상해? 너만 하기 싫어? 뚝 그쳐. 친구끼리 왜 싸워? 친구랑 싸우는 거 아냐. 사이좋게 지내" 하며 아이가 무슨 말만 하면 감정을 억압하는 엄마도 있다. '억압형'이다. 아이의 감정을 알아주기는커녕 훈계와 설교가 길다. 아이는 아예 '엄마한테 말해봤자 뻔해'를 학습하고는 입을 다물어버린다. 자신의 감정을 솔직히 드러내봤자 좋지 않다는 사실을 배운 아이는 감정을 건강하게 발달시키기가 힘들다. 억압형 엄마가 하는 말을 들어보면 거의 대부분이 명령으로 일관된다. 엄마의 말에는 '무조건 엄마 말대로 해야 해'라는 속뜻이 들어 있다. 어릴 때는 엄마가 "뚝 그쳐"라고 하면 감정을 억누르며 뚝 그쳤지만 자아가 발달하면서부터는 엄마가 자신을 알아주지 않는다는 사실을 인식한다. 누구든 자신을 알아주는 사람에게 말문을 여는 법이다.

그런가 하면 억압형보다 더 위험한 엄마 유형이 있다. 바로 '방임형'이다. 방임형 엄마는 "네가 알아서 해. 실컷 울어"라는 식으로 아이의 감정에 진지한 반응을 보이지 않는다. 엄마가 아이를 반드시 달래야 할 상황에서도 내버려둔다. 자칫 민주적인 것처럼 위장되어 엄마 스스로도 헷갈릴 때가 있다. 매사 무기력하고 우울한 엄마라면 방임형이 아닌지 돌아봐야 한다. 이런 엄마에게서 자란 아이는 자기조절력과 사회성이 떨어진다. 엄마에게 잘 보이려고 눈치를 보다가 애정 결핍과 정서 불안이 나타난다. 엄마의 사랑을 받기 위해 주의를 끌 만한 행동을 하다가 대신 꾸중과 질책을 받는다. 아이는 불안정해하며 '나는 형편없어'라고 스스로를 평가한다. 자신에 대해 자조적인 아이는 거짓말, 무기력함, 난폭한 행동 등의 양상을 보인다. 아이가 '나는 충분히 사랑받고 있어', '나는 소중한 존재야'라고 자각하는 경험은 건강한 자아를 세우는 데 너무나도 중요하다. 아이를 근본적으로 사랑하지 않는 엄마는 없다. 하지만 '아이가 느끼는 사랑'이 중요하다. 아이에게 눈을 돌려 따뜻한 시선으로 바라보고 관찰하며 잊지 말아야 할 것은 '표현하는 일'이다. 특히 엄마의 말로 표현해야 가장 정확하게 전달된다. 엄마는 아이의 감정을 진심으로 읽어줘야 한다.

미국의 가족 치료 전문가 존 가트맨John Gottman이 제시한 엄마의 유형을 살펴봤다. 그렇다면 그가 추천한 가장 이상적인 엄마의 유형은 무엇일까? 이미 널리 알려진 대로 '감정코치형'이다. 감정코치형 엄마는 어떻게 말을 할까? 우선 아이의 마음을 공감한다. 성적이 떨어져서 고민인 아이가 있다. 물론 아이의 성적이 떨어져 엄마도 속상하지만 그보다는 먼저 당사자인 아이의 마음이 어떨지 알아주는 말을 한다.

"열심히 했는데도 성적이 생각만큼 안 나와서 속상하지?"

아이가 속상해하면 "속상하지?"로, 아이가 힘들어하면 "힘들지?"로, 아이가 울면 "그래서 눈물이 나는구나"로 마음을 알아주고 위로한다. 그러려면 평소에 아이를 관찰한 내용이 중요한 토대가 된다. 마음을 알아주는 엄마 앞에서 아이는 진심으로 위로를 받고 건설적인 대책도 세운다. 엄마라는 든든한 코치와 함께 요모조모 면밀하게 계획을 세워 더 좋은 결과를 향해 나아가는 것이다.

엄마는 해결사가 아닌 상담사가 되어야 한다

가장 큰 문제는 엄마도 사람이기에 자신도 모르는 사이에 하루에 몇 번씩이나 축소전환형이었다가 억압형이었다가를 시계추처럼 왔다 갔다 한다는 사실이다. 가까운 사람한테 받는 지적에 더 예민해지는 법이다. 특히 다짜고짜 화내며 지적하는 부모의 말을 들으면서 '부모님이 나를 사랑하기 때문에 그러는 거야'라고 생각하는 아이가 몇 명이나 될까? 이런 이해심은 어른도 갖기 힘들다. 그러면 아이의 올바르지 못한 행동을 지켜보기만 해야 하는 걸까? 순서를 정하면 된다. 이유를 알아주자. 하나씩 과정을 지나다 보면 아이도 엄마도 거친 감정이 가라앉게 된다. 그다음 아이의 행동에 대해 이야기를 나눠야 한다. 이른바 '한계'를 정하라는 것이다. 무한대의 자유란 없다. 내(아이) 마음대로만 살 수도 없다. 세상이 인정하는 것이 있고 그것에 따를 의무가 있으며 책임도 있다. 내(아이) 감정은 소중하지만 마음대로 살 수는 없다는 사실을 알려주는 부모가 있어야 바람직한 행동을 하면서 세상과 조화롭게 사는 사람으로 자란다.

2016년 3월 초록우산어린이재단이 진행한 설문에서 부모 700명 중 72.1%가 부모 교육을 통해 배우고 싶은 내용 1순위로 '자녀와 공감하는 법'을 꼽았다. 그리고 연령대별 바람직한 양육법, 자녀교육 경험 공유 등이 그 뒤를 이었다. 화를 내거나 체벌하지 않고 기다리기, 아이와 생각이 다를 때 설득하기 등 의사소통의 어려움도 토로했는데, 대부분 공감 부족이 원인이었다. 부정적인 감정을 녹이는 것이 '공감'이다. 아이가 떼쓰고 계속 울고 소리를 지르거나 악을 쓰는 일은 부정적인 감정을 표출하는 것이다. 그러면 당연히 엄마도 화가 나고 부정적인 감정이 치솟는다. “시끄러워. 뚝 그쳐.” 이렇게 아이의 부정적인 감정에 대해 무시하고 억압하면 아이 안에 부정적인 감정이 쌓이고 증폭되어 점점 신경질적이고 까다로운 감정만 발달한다. 엄마의 육아 상황도 심하게 꼬인다. 이때 악순환을 선순환으로 바꾸는 것이 바로 감정코칭 육아, 아이 감정 읽어주기 육아다.

하지만 엄마는 만능 해결사가 아니다. 상담사가 되는 것만으로도 충분하다. 아이가 징징대면서 속상하다고, 학원 가기 싫다고, 공부하기 싫다고 해도 너무 진지하게 가르치려고 하면 안 된다.

“우리 딸, 속상한 일이 있었구나.”

“우리 아들, 학원 가기 싫구나.”

이런 말로 접근해야 한다. 아이는 어떻게 해달라는 것이 아니다. 속상한 마음만 알아줘도 풀릴 때가 있다. “가기 싫으면 네 마음대로 해.” 엄마는 나름대로 해결사 기질이 있다. 자식 일이라면 다 해주고 싶은데 그러지 못하면 무능력하다고 느껴 엄마 스스로 제풀에 화나는 경우도 있다. 하지만 아이는 해결해달라는 것이 아니다. 그냥 상황이 그렇다고 하는 것이다. 아이가 공을 굴리면 우선 받아주자. “네 공을 왜 엄마한테 굴리니?”라고 화내며 내치거나 멀리 뻥 차버리면 아이도 포기한다. 주거니 받거니 하다 보면 아이가 그 공을 어떻게든 다시 챙길 것이다. 공감을 하거나 받기만 해도 위로가 된다. 엄마는 상담사의 역할만 하면 된다. 해결사가 아니라 상담사의 역할만 해도 되니 최소한 윽박지르지만 말자.

"학원 가기 싫으면 어떡하라고. 엄마는 돈이 남아서 너 학원 보내는 줄 알아? 가지 마." (×)

이렇게 말하면 엄마도 아이도 모두 부정적인 감정에 휩싸인다. 잠시 호흡을 가다듬고 다음과 같은 말을 언제나 할 수 있도록 습관을 들여보자.

"학원 가기 싫구나." (○)

아이가 한 말을 그대로 받아서 반응해주고 잠시만 찬찬히 바라본다. 엄마가 말을 잘 받아주는 것만으로도 아이의 속이 뻥 뚫릴 수 있다. 엄마가 감정을 받아주는 동안 아이는 자신이 어떻게 해야 할지 스스로 정리하게 된다. 꽉 막힌 채로 학원에 가서 책상 앞에 앉은 아이의 능률이 오르기란 어렵다. 오기를 부리면서 더 잘하는 아이도 간혹 있지만 아이와 엄마의 대화는 꽉꽉 막힌다. 내 아이가 건네는 짜증, 억지, 징징거림 등의 말에 대해 어떻게 반응할지 생각해보자. 하지만 아이의 감정을 읽어준다고 해서 아이 마음대로 하게 방임하라는 것은 아니다. 어디까지나 엄마에게는 엄마의 역할이 있다.

"엄마, 숙제 이따가 하고 지금은 놀면 안 돼?"

"안 돼. 어제도 그랬다가 밤늦게 숙제 때문에 징징거렸잖아"라는 말이 나온다면 얼른 삼키고 아이의 마음을 읽어주자.

"그래? 지금은 놀고 싶어? 그럼 숙제는 언제 할 건지 시간을 알려 줄래?"

아이 스스로 시간을 정하게 하고 그 시간이 되었는데도 하지 않는다면 그때 확실히 알려주면 된다. 아이를 받아주면서 동시에 이끌어주는 엄마가 아이를 키우는 법이다.

"지금 3시야. 숙제할 시간이네."

아이의 감정을 읽어준다는 것은 '마음대로 해라'가 아니라 마음을 알아주는 일이고, 아이 마음대로 안 될 때 코치해주는 일이며, 더 좋은 방법을 실천하도록 안내하는 일이다. 그러므로 엄마는 말로써 아이의 감정을 읽어주는 것과 해야 할 일을 하게 하는 것 사이에서 최대한 균형을 잘 잡아야 한다.

아이의 공감 능력을 높이는 현명한 엄마의 대화법

Tip

❶ 에코익Echoic 대화법

- 아이가 "엄마, 잠자디 나아가"라고 했을 때 "응, 잠자리가 날아가는구나" 하고 정확한 발음으로 아이가 했던 말을 다시 들려주며 아이의 감정을 받아주는 화법
- 아이가 "아, 학원 가기 싫어. 짜증 나"라고 했을 때,
  "왜 짜증이래? 언제 좋은 적 있었어?" (×) → 아이의 감정을 뒤트는 화법
  "학원 가기 싫어서 짜증이 나는구나." (○) → 아이의 감정을 받아주는 화법

❷ 감정코치형 대화법

- 아이가 하는 말과 아이의 속마음을 구별해내는 감정코치형 엄마의 화법
- 아이의 말: "엄마, 나 걔랑 안 놀아."
  (아이의 속마음: '엄마, 나 친구 때문에 속상해서 안 놀고 싶지만 걔가 싫다는 뜻은 아니야.')
- 엄마의 말: "친구 때문에 속상했구나. 그럼 어떻게 할까?"
  (엄마의 속마음: "속상해? 그럼 걔랑 놀지 마. 서로 안 맞는데 왜 자꾸 놀면서 그러니?"라고 말하고 싶어도 하지 않는다. 말 안 하는 것도 대화 비법이다.)

03 좋든 나쁘든 아이의 모든 감정에 반응하자

| 첫 번째 이야기

아이가 학교에서 돌아왔다. 오늘도 여전히 잔뜩 찌푸린 얼굴, 짜증이 가득한 얼굴이다. '또 무슨 일이 있나?' 엄마도 울컥 짜증이 치민다. 그래도 꾹 참고 "잘 다녀왔어?"라고 했는데 아이가 겨우 한다는 말이 "몰라요"다. 엄마가 "뭘 모른다는 거야? 잘 다녀왔냐니까?"라고 재차 물어도 아이는 대답이 없다. "왜 그래? 오늘은 또 무슨 일인데?"

| 두 번째 이야기

아들이 유치원 차에서 풀이 죽은 채 내린다. 엄마가 팔 벌려 안아주며 "아들, 오늘 재미있었어?"라고 상냥하게 묻는다. 아이는 아무런 대답

도 하지 않고 엄마가 쳐다보자 울먹거리기만 한다. “왜? 무슨 일 있었어? 친구들이 바이바이 하는데 인사해야지?” 유치원 차에서 친구들이 인사하는데도 아이는 쳐다보지도 않는다. “왜? 인사해야지? 그럼 친구들이 너 싫어하잖아.”

| 세 번째 이야기

학교에서 돌아온 딸아이에게 전화가 왔다. 받자마자 아이가 울먹거린다. 오후 일정이 약간 밀려 마음이 바쁜 엄마가 안부만 묻고 끊으려는데 뭔가 심상치 않다. “왜? 무슨 일이야? 왜?” 딸아이의 울음소리가 점점 커진다. 어떻게 해야 할지 엄마는 당황스럽다.

아이의 다양한 감정에 대처하는 엄마의 자세

아이를 키우다 보면 엄마도 일일이 대응하기 힘든 것이 아이의 다양한 감정이다. 짜증을 내고 징징거리는 것도 힘들지만 축 처져 있거나 기가 죽은 모습에도 속이 상한다. 아이는 자신의 감정을 처리하기가 힘들고 엄마는 속상한 감정에 자신도 모르게 휘둘린다. 아이가 늘 밝으면 얼마나 좋을까. 하지만 아이 또한 배우면서 크느라 이런저런 상황에 부딪치며 다양한 감정들과 만난다. 게다가 아이는 그러한 감정들을 어떻게 인식하고 처리해야 하는지를 몰라 어른보다 더 감정적으로 대응한다. 시시각각 변하는 아이의 감정에 대응하는 엄마의 말과 표정이 중요한 이유다.

"왜 그래?"라는 엄마의 말이 아이의 입을 바로 열게 하지 못한다는 사실을 염두에 둬야 "왜 그러냐고?"라고 다그치지 않을 수 있다. 아이는 아직 자신의 감정을 재빨리 파악해서 엄마의 질문에 일목요연하게 답하기 어려운 발달 단계에 있다. 그러므로 조금 신중하게, 그리고 천천히 "왜 그러니?"라고 물어야 한다. 여기서 '신중하게', '천천히'라고 한 이유는 대부분의 엄마들이 속이 상하면 다짜고짜 "왜?"라는 질문부터 할 때가 많기 때문이다.

모든 아이는 인정을 받길 바란다. 칭찬과 격려만이 인정이 아니다. 아이에게는 있는 그대로, 특히 자신의 감정이 좋든 나쁘든 일관적으로 반응해주는 엄마가 필요하다. "우리 아빠는 나를 사랑합니다. 예쁠 때만……"이라는 공익 광고의 카피가 떠오른다. 아이가 말을 잘 듣고 웃고 즐거울 때는 오히려 엄마의 위로와 격려가 절실하지 않다. 엄마도 저절로 웃고 기쁘니 공감하기도 쉽다. 아이의 기쁜 감정에 반응하려고 애써 노력하지 않아도 된다. 하지만 아이가 부정적인 감정에 휩싸여 있을 때, 아이에게는 엄마라는 든든한 내 편이 굉장히 절실해진다. 엄마 역시 이럴 때 아이보다 더 큰 부정적인 감정에 휘말릴 수 있으니 평소 습관을 잘 들여야 한다. 화가 나서 씩씩거리는 아이에게 이렇게 말할 수 있도록 노력해야 한다.

"그래서 화가 많이 났구나. 속상했을 텐데 잘 참았구나."

엄마의 자세 ❶ 짜증을 내는 아이의 경우

"또 짜증, 불만이네"라는 말에도 어폐가 있다. 아이가 직면하는 짜증의 상황은 매번 다르다. "오늘은 또 무슨 일인데?"라는 말이 툭 튀어나오지 않도록 주의해야 한다. '또'라는 말을 생략하고 물어보면 된다.

"속상한 일 있었니?"

아이가 대답하면 고개를 끄덕이며 들어준다. 중간에 끼어들지 말고 아이가 스스로 말을 하는 과정을 통해 감정을 풀거나 문제를 찾아내게끔 하면 된다. 엄마가 해결해주려고 하면 엄마도 화가 치민다. 생각보다 일이 사소하다고 느껴지면 뭐 이런 일에 아이가 당했나 싶어 엄마도 평정심을 잃어버리기 쉽다. 진지하게 들어준 다음에 한마디를 하면 그만이다.

"그래서 짜증이 났구나."

상대방에게 감정이 받아들여진 아이와 내쳐진 아이는 완전히 다르다. 엄마는 아이를 믿고 반응해야 한다.

엄마의 자세 ❷ 기가 죽은 아이의 경우

기가 죽어 있는 아이를 보면 엄마의 마음이 절로 아프다. 그런데 더 아픈 말을 한다.

"왜 그래? 야무지지도 못하고……."

사람마다 아킬레스건이 있다. 건드리면 크지 못한다. 특히 기가 죽어 힘이 없는 아이에게는 축 처지는 말을 삼가고 힘이 솟아날 만한 말을 골라서 해야 한다. 그렇다고 "우리 기운 내자. 아자, 아자!"라는 말은 아직 시기상조다.

우선 엄마의 기운을 불어넣어주자. 아이를 따뜻하게 안아주는 것이다. 아주 부드럽고 포근하게 안아주자. 꼭 안아주면 아이는 안도감을 느낄 것이다. 스킨십으로 말 걸기를 하는 셈이다. '내 곁엔 사랑하는 엄마가 있어'라는 생각이 아이로 하여금 기운이 나게 만들 것이다. 그다음에 눈길로 말을 걸자. 편안한 눈길에 이런 말을 담으면 좋다.

'무슨 일 있었어? 엄마한테 말해줘, 딸(아들).'

아이가 머뭇거리거나 울먹이거나 우물거리면서 말하더라도 최대한 열심히 들어주고 반응해줘야 한다. "말해줘서 고마워." 문제가 있거나 도움이 필요한 경우라면 "엄마가 도와줄 일이 있을까?"라고 말하며 같은 편이 있음을 알려주고, 아이의 마음에 위로가 필요한 경우라면 "속상했겠구나. 그래서 힘이 없었구나. 엄마가 어떻게 해줄까?"라고 물어본다. 위로를 받아 안정을 되찾은 아이가 "이제 됐어. 엄마"라고 할 수도 있고, "한번 생각해볼게"라고 할 수도 있다. 여전히 묵묵부답으로 말하고 싶어 하지 않는다면 왜 그러느냐고 캐묻기보다 그저 부드럽게 말해주면 된다.

"엄마가 항상 네 옆에 있단다. 언제든 말해줘, 딸(아들)."

엄마의 자세 ❸ 우는 아이의 경우

사실 "왜 울어?"라고 말하는 것까지는 괜찮다. 하지만 마음이 아프고 급한 엄마일수록 자신도 모르게 다그치는 말을 한다.

"울지 말고 말해."

"울지 말고 제대로 말하라니까. 우니까 무슨 말인지 하나도 안 들리잖아."

이런 말은 우는 아이에게 젖을 주는 것이 아니라 약을 올리면서 더 울리는 것밖에 안 된다. 그렇다면 엄마가 어떻게 해야 우는 아이에게 도움이 될까? 엄마가 울고 싶은 아이의 감정을 알아주는 것이다. 우는 아이의 감정에 어떻게 반응하면 좋을지 생각하면서 잠시 기다려주는 것이다. 아이가 울도록 약간만 시간을 주면 충분하다.

"조금 울래? 엄마가 기다려줄까?"

실컷 울라고 하지 않아도, 그만 울라고 해도 아이는 자기가 울고 싶은 만큼만 울 것이다. 엄마 생각에는 그 시간이 길지 몰라도 엄마가 개입하지 않으면 아이의 울음은 의외로 짧게 끝난다. 진정시킨다는 것은 때로는 기다리는 것이기 때문이다. 아이의 울음이 잦아들면 바로 그때 물어보면 된다.

"무슨 일 있었어?"

Tip

아이의 다양한 감정에 대응하는 엄마의 말

❶ 아이가 화나거나 억울한 감정을 말하고 싶어 할 때

- "숨 좀 돌리고 말해.", "뭐가 그렇게 급해?", "또 그러네. 그렇게 말하면 엄마가 들린다고 했어, 안 들린다고 했어?" (×)
- 비언어적인 엄마의 말이 필요하다. 엄마가 차분한 자세로, 자신의 말을 최대한 줄이고, 조용히 고개만 끄덕이며 듣다가, 아이가 말을 마쳤을 때 다음과 같이 3단계로 말한다.
  1) "엄마한테 하고 싶은 말 이제 다 한 거야?" (아이가 말을 마쳤는지 확인함)
  2) "~해서 ~한 일이 있었는데 그래서 화가 나고 억울했어?" (아이의 감정을 확인함)
  3) "어떻게 하면 좋을까? 엄마랑 같이 생각해볼까?" (아이로 하여금 해결책을 모색하게 함)

❷ 몇 번을 물어도 부루퉁해서 입을 다물고 있을 때

- "말을 해야 알지!", "진짜 말 안 할 거야?", "엄마도 말 안 듣는다!" (×)
  "지금은 말할 기분이 아니야?", "엄마가 조금 기다려줄까?", "말하고 싶을 때 언제든지 말해줘." (○)

❸ 너무 많이 화가 나서 씩씩거리기만 할 때

- “뭘, 그런 걸 갖고 그래.” (×)
  “그래서 화가 났구나.” (○)

❹ 아이의 어떤 감정이든 통하는 엄마의 말

- “충분히 화날 수 있어. 그건 나쁜 감정이 아니야. 그런데 그 감정을 네가 어떻게 표현하는지는 정말 중요해.”
- 비언어적인 말도 중요하다. ‘널 믿어’라는 표정을 짓거나 아주 포근하게 안아주거나 엄마와 아이가 함께 맛있는 간식을 먹는 등 기분이 좋아지는 활동을 한다. 기분 전환도 감정을 인정받고 위로받는 것이기 때문이다.

04 감정의 다양성에 대해 솔직하게 알려주자

"아들 키우기 강연에 다녀와서 정말 감동을 받았습니다. 아들을 키우면서 느끼는 희로애락을 잘 짚어주셔서 울다가 웃다가를 반복했네요. 그중에서 특히 반성했던 것은 저와 남편의 관계를 돌아보는 부분이었어요. 그동안 아들을 잘 키우려고 노력하면서 잘 안 될 때 남편이 도와주지 않아서 그렇다는 마음이 들어서인지 남편한테 화풀이도 하고 그랬거든요. 그런데 오늘 강연을 통해 결국 저와 남편이 서로 사랑하고 잘 지내야 아들도 잘 키울 수 있다는 사실을 절실하게 느꼈습니다. 알려주시고 느끼게 해주셔서 감사합니다."

글은 길게 이어졌다. 이럴 때마다 나는 강연장에서 한 약속대로 전화를 한다. 엄마들의 정성스런 글에 상응할 만큼 답장할 자신이 없어서기도 하고, 이렇게 세심하고 의욕적인 엄마들은 어떤 사람일까 궁금하기도 해서다. 그러다 보면 육아에 대한 여러 가지 정보도 전해 듣고 엄마들의 육아 궁금증을 해소해주는 즉석 Q&A로 보람을 느끼기도 한다. 내가 전화를 걸자 글을 쓴 엄마가 "영광이에요"라는 말로 반갑게 받았다. 이런저런 대화를 하다가 아들 키우기 파이팅을 하며 전화를 끊으려는데 그 엄마가 "박사님, 정말 힘들 때 전화 드려도 되나요?"라고 물었다. "그럼요"라고 대답하자 "제가 너무 화를 자주 내서 아들도 저를 따라서 '욱 병', '꽥 병'이 걸렸다고 남편이 그러는데 한번 잘해볼게요"라고 말했다. 욱 병, 꽥 병이 무엇이냐고 물어보자 엄마는 이렇게 이야기했다.

"제가 육아서와 육아 블로그를 너무 많이 봐서 그런지 정보가 많아서 탈이래요. 차라리 보통 엄마들처럼 화가 나면 처음부터 화를 내면 되는데, 잘 참다가 '욱'하고 그러다가 더 심하게 화를 내면서 '꽥' 소리를 지른다는 거예요. 저보고 아는 게 병이니까 가능한 아이를 자연스럽게 키우래요. 근데 그런 말을 들으면 또 화가 나요. 좋지 않은 기분을 주체하지 못해 씩씩거리고 있으면 남편이 그게 '욱 병', '꽥 병'이 아니고 뭐냐고 그래요."

‘이렇게 해서 바뀌야지’가 아닌 ‘이렇게 하면 바뀔 거야’

엄마의 욱은 다음과 같을 때 자주 표출되었다. 정말 좋은 말로 아이에게 이야기를 해도, 아무리 잘 타이르며 훈육을 해도 아이가 바뀌지 않으면 엄마 스스로 ‘내가 잘못하고 있는 것은 아닐까?’라는 생각이 들 때가 많다는 것이었다. 그럴 때마다 엄마는 스스로를 돌아보고 무엇이 잘못되었는지 확인한 다음에 또 다른 방법을 적용하기 위해 노력했다. 하지만 안타깝게도 아이는 바뀌지 않았다. 상황이 자신이 의도한 대로 흘러가지 않자 처음에는 자책하다가도 시간이 지날수록 아이에 대한 원망만이 커졌다. ‘어쩌라고?’, ‘이만큼 했으면 됐지, 나보고 뭘 어쩌라는 건데?’, ‘도대체 뭐가 잘못된 거지?’ 이렇게 엄마인 자신에게 화가 나고 미칠 것 같기도 하면서 ‘욱’이 치밀어 올랐다. 그러다가 아무리 노력해도 변하지 않는 아이를 향해 ‘꽥’ 하고 소리를 질렀다. 아이를 잘 키우고 싶은 엄마의 ‘말’이 ‘꽥’이 되어버린 것이다. 나는 엄마에게 가장 욱할 때가 언제인지, 꽥 소리를 지르는 상황이 언제인지를 잘 관찰해서 적어보라고 했다. 그러고 나서 언제든 다시 전화를 하라고 했다.

“잘되고 있는 과정도 좋고, 이렇게 하니 효과가 있었더라는 이야기도 좋아요.”

일주일 후에 전화가 왔다. 엄마는 아이에 대해 욱하는 감정이 자주 표출되는 이유를 다각도로 살펴봤다고 했다. 그 과정에서 자신이 아이의 단점에만 유난히 주목하고 있다는 사실을 발견했다. 대부분의 엄마들은 아이에 대한 사랑이 지극한 나머지 자신도 모르게 아이의 단점에만 눈길이 가고 지적하기가 쉽다. 딱 이것만 고치면 좋을 것 같아서다. 그런데 '이것'이 너무 많아 자주 눈에 띄니 본의 아니게 잔소리를 하게 되고, 그래도 도무지 듣지를 않으니 자신도 모르게 '욱'하고 '꽥' 했던 것이다.

그래서 아이의 단점보다는 아이의 장점, 아이가 잘하는 것에 주목하기로 마음을 다잡았더니 감정이 달라졌다고 했다. 엄마가 가진 다양한 감정의 원천은 알고 보면 거의 대부분이 아이로부터 비롯된 것이다. 기쁨의 샘도, 슬픔의 샘도 모두 아이로부터다. 그런데 아이가 가진 샘은 하나뿐이다. 엄마가 길어 올린 샘물이 다른 것이다. 같은 말이라도 못한 점을 이야기하면 '지적'이 되고, 잘한 점을 이야기하면 '칭찬'이 된다. 때로는 못 본 척, 모르는 척도 감정을 이해하는 하나의 방법이며, 엄마가 감정을 처리하는 방식이 된다. '이 또한 지나가리라'의 지나가기와 넘어가기도 낙관성의 감정이다. 엄마가 보여주는 감정 처리 방법이 아이에게 영향을 주며, 이것은 아이의 공감 능력을 높이는 데 도움이 된다.

아이는 감정도 엄마를 보고 배운다

공감 능력 발달을 위해 아이가 가진 다양한 감정에 대해 알아주라고 조언을 하면 대부분의 엄마들은 '아이에게만 초점'을 맞춘다. 아이의 감정을 알아주기 위해 온갖 미사여구를 동원하고 책이나 주변 엄마들에게 배운 대로 표현하기 위해 애를 쓴다. 하지만 아이마다 제각각 성향과 처한 환경이 달라 내 아이에게 딱 맞는 감정 알아주기 표현법을 찾기란 쉽지 않다. 다행히 보편적이고 무난한 방법이 있다. 바로 엄마가 직접 감정의 다양성을 보여주는 것이다. 그런데 잘 참다가 욱하고 꽥 하면 바람직하지 않은 3가지 감정 표현만 가르치게 된다.

❶ 감정을 참는다

❷ 욱하고 화낸다

❸ 꽥 하고 감정을 표현한다

엄마의 다양한 감정을 보여주는 것이 아이에게 어떤 감정이 있다고 가르치는 것보다 훨씬 효과적이다. 먼저 일상에서 가장 흔히 보이는 2가지 감정, 긍정적인 감정과 부정적인 감정에 관한 것이다. 긍정적인 감정은 좋다, 예쁘다, 기쁘다 등이며, 부정적인 감정은 싫다, 밉다, 화나다 등이다. 엄마가 이러한 몇 가지 감정과 감정 처리를 아이에게 보여주는 것이 곧 아이를 가르치는 것이 된다. 사람이라면 누구나 좋을 때도 있고 싫을 때도 있다. 이런 상황을 엄마에게 대입시켜 엄마도 좋을 때도 있고 싫을 때도 있다는 사실을 알려주고, 좋을 때는 어떻게 표현하는지, 싫을 때는 어떻게 표현하고 감정을 처리하는지 보여주는 것이다. 좋을 때는 그 감정을 아낌없이 표현하는 모습으로 보여주면 된다. 엄마가 좋을 때 "기분이 참 좋아", "상쾌해"라고 말하는 것만으로도 아이는 긍정적인 감정을 표현하는 방법에 대해 자연스럽게 익힐 수 있게 된다. 칭찬도 습관, 좋은 표현도 습관이다. 가끔은 "네가 웃으니까 덕분에 엄마 기분이 좋아"라고 아이의 감정이 엄마에게 영향을 준다는 사실을 알려주는 것도 좋다. 행복 바이러스라는 말처럼 감정은 전이되기 때문이다.

하지만 엄마도 부정적인 감정이 들 때가 있다. 당연히 싫을 때도 있다. 이때는 엄마 자신을 중심으로 하는 'I message'를 쓰는 것이 좋다. 자칫하다가는 "너 때문에 내가 못 살아"로 부정적인 감정의 원인을 아이한테 전가시켜 탓하기 쉬워서다. 다음과 같이 부정적인 감정을 솔직히 표현하며 그 감정을 해소하는 방법을 자연스럽게 알려주면 된다.

"엄마가 지금 화가 나려고 해. 잠깐 화장실에 가서 손 씻고 거울 보면서 마음을 가다듬고 올게."

엄마라고 해서 늘 참고 좋은 감정만 보여주는 천사가 될 필요는 없다. 그러다 보면 오히려 욱하고 꽥 하면서 감정을 표출해 지킬 박사와 하이드 씨가 되기 십상이다. 갑자기 돌변하지 말고 감정의 주인이 감정을 조절하는 모습을 보여주면 어떨까. 다양한 감정에 대해서도 알려주고, 특히 부정적인 감정을 해소하는 방법까지 알려준다면 더없이 좋지 않을까.

엄마가 아이에게 다양한 감정을 알려주는 일은 굉장히 중요하다. 하지만 그보다 더 중요한 것은 다양한 감정을 제대로 표현하는 일이다. 우리에게는 좋을 때도 그저 속으로만 웃고, 좋지 않을 때도 소리 내어 울지 않던 정서가 아직도 남아 있다. 조금 더 감정에 진중하자는 의미도 있지만 지금은 감정을 표현하는 시대다. 다양한 감정이 휘몰아쳐올 때 그 감정에 끌려다니지 않으려면 스스로 다양한 감정을 알고 다스리는 '감정의 주인'이 되어야 한다. 아이에게 "감정의 주인이 되어야 한다", "모든 감정은 소중하단다"를 아무리 말해봤자 엄마가 자신이 가진 감정의 다양성을 인정하고 그 감정을 대하는 모습을 통해 아이가 배우는 것만큼 효과가 있을까.

엄마는 희로애락애오욕喜怒哀樂愛惡欲의 다양한 감정을 느끼고 표현하는 방법을 일상에서 보여줘야 한다. 엄마는 감정코칭 전문가가 되어야 한다. 그래야 비로소 아이에게 감정의 다양성에 대해 알려줄 수 있는 자격이 생기고, 설득력을 갖춰 이렇게 말할 수 있다.

"누구나 좋을 때도 있고 싫을 때도 있는 거란다."

감정의 노예가 아니라 '감정의 주인'이 되어야 무엇이든지 해낼 수 있다. 욱하고 꽥 하면서 화를 내는 것은 몇몇 엄마들의 증상이 아니라 아이를 키우는 엄마들의 보편적인 감정 표현 방법이다. 화를 낼 수는 있지만 엄마가 분노한 감정을 보이는 것에만 그치는 감정 표현 방법은 엄마와 아이 모두에게 좋지 않다. 아이를 키우면서 너무 단편적인 감정만 보이는 것은 아닌지 때때로 돌아봐야 한다. 아이가 잘하면 잘하는 대로 다양한 방법으로 감정을 표현하고, 잘못하면 잘못하는 대로 비난과 불만을 넘어선 다양한 방법으로 감정을 표현해야 한다. 엄마의 이러한 모습이 아이에게 감정의 다양성을 알려주고 그것을 올바르게 표현하는 길로 이끈다.

"누구나 좋을 때도 있고 싫을 때도 있는 거란다. 그런데 그것을 어떻게 표현하느냐에 따라 괜찮은 사람이 되거나 그렇지 않은 사람이 되지. 이럴 때는 어떻게 표현하면 좋을까?"

Tip

'감정 표현'과 '감정적인 표현'을 구분하는 엄마의 말습관

아이를 혼내거나 꾸중할 때, 즉 아이가 보기에 엄마가 화났을 때 감정적이지 않으려면 다음과 같은 방법으로 말하면 된다. 엄마가 자신에게 왜 그런 말을 하고 행동을 하는지 아이가 공감하는 데 도움이 될 것이다.

❶ 감정에 휘말려 큰소리를 치지 않고 이성적으로 '팩트'만 말한다.

❷ 진지한 표정으로 단호함을 보인다.

❸ 거친 말, 모욕하는 말 등 감정에 휘말린 말을 하지 않는다.

❹ 꾸중하는 이유를 분명히 밝혀 엄마가 화나서 혼내는 것이 아님을 이야기한다.

❺ 부족한 부분을 고칠 수 있는 구체적인 방법을 알려준다.

05 부정적인 감정에 대한 반응은 맨 마지막에 하자

ㅣ첫 번째 이야기

조금만 주면 밥을 먹겠다고 떼를 부리던 아들이 숟가락을 집어 던지며 억지를 부린다. 엄마가 놀라서 눈을 크게 뜨자 아이도 저 멀리 날아가 떨어진 숟가락을 보며 움칫한다.

"안 먹는다고? 네가 다섯 숟가락만 달라고 했잖아."

"안 먹어. 배 안 고프다고. 조금만, 조금만."

스스로 다섯 숟가락만 주면 먹겠다더니 억지를 부린다. 엄마는 아들을 물끄러미 바라본다. 그러고 나서 이렇게 말했다. "몇 숟가락을 주면 맛있게 먹을 수 있을까?" 아이가 집어 던진 숟가락과 엄마를 번갈아 쳐다본다.

| 두 번째 이야기

실컷 놀기만 하는 아이를 보다 못한 엄마가 숙제하라고 소리를 질렀다. 아이는 입을 쑥 내민 채 억지로 숙제를 한다. 기분이 나쁘다는 사실이 온몸에 묻어난다. 그래도 열심히 숙제를 하는 아이를 보고 있자니 엄마는 혼낸 일도 미안하고 여전히 뾰로통해 숙제를 하는 아이가 안쓰러워 간식을 만들었다. 아이가 좋아하는 떡볶이다. 아이가 숙제를 마쳤다.

"엄마한테 혼나고 하니까 좋아? 어차피 할 거면서 혼내기 전에 하면 좀 좋아. 이제 간식 먹자. 네가 좋아하는 떡볶이 했어."

아이가 책과 공책을 소리 나게 챙기며 통명스럽게 대답한다. "됐어요." 엄마의 기분도 나빠진다.

아이의 감정을 몰아붙이는 말 대신

"어디 숟가락을 집어 던져? 당장 주워 와"라는 말 대신 "몇 숟가락을 주면 맛있게 먹을 수 있을까?"라고 말한 엄마는 대단히 현명했다. 그런데 아이가 숟가락을 집어 던지며 자신의 부정적인 감정을 거칠게 표현한 것은 어떻게 해야 할까? 그냥 지나가도 괜찮은 문제는 분명히 아니다. 식사와 거친 행동에 대한 훈육 중 엄마는 순서를 정해야 한다. 무엇부터 할지에 따라 효과는 엄청나게 다르다. 물론 상습적으로 떼를 쓰고 억지를 부리는 아이라면 먼저 엄격한 훈육에 돌입해야 한다. 하지만 아이 스스로도 모른 채 부정적인 감정을 표출한 것이라면 이야기는 달라진다.

기본 생활 습관이 형성되는 3살부터는 불필요하게 봐주거나 일관적이지 않은 태도 등을 경계해야 한다. 유아기에는 자신의 생각과 현실이 다른 경우가 많다. 아이가 생각(예상)했던 것과 실제 밥의 양이 충분히 다를 수 있다. 그래서 당황한 나머지 억지를 부렸다면 '버릇없다' 또는 '잘못했다'로만 접근할 것이 아니다. 아이의 감정 표현에 대응할 때는 아이가 왜 그렇게 표현했는가에 집중해야 한다.

다섯 숟가락만 주면 먹겠다던 아이가 갑자기 양이 많다면서 숟가락을 집어 던졌다. 아이도 자신의 돌발 행동에 놀라는 눈치다. 단편적으로만 보면 변덕을 부리는 것이지만 아이의 시점에서 보면 감정 기복에 수긍이 간다. 다섯 숟가락이라고 했을 때 양이 적을 줄 알았는데 막상 보니까 양이 엄청 많다. 아이가 생각한 다섯 숟가락은 엄마가 준 다섯 숟가락과는 현실적으로 다른 것이다. 그래서 양이 많아 안 먹는다고 한 것이므로 엄마는 "왜 이랬다가 저랬다가 그래?" 하면서 아이의 감정 기복으로 문제를 몰아가지 않도록 주의해야 한다. 물론 양을 대략적으로 예측할 수 있는 초등학생이라면 이야기는 달라진다. 하지만 영유아기의 어린아이라면 엄마는 아이의 부정적인 감정을 대할 때 조금 더 신중하게 말해야 한다. "실제로 보니까 생각한 것보다 너무 많아?"라고 마음을 헤아려줘야 한다.

그렇다면 엄마는 숟가락을 집어 던진 아이의 잘못된 행동에는 어떤 말을 해야 할까? '잘못된 행동을 먼저 짚고 넘어가야 하지 않을까?'라고 생각하겠지만 부정적인 감정에 대한 대응은 나중에 하는 것이 도움이 된다. 왜 그럴까? 당황스럽고 부정적인 아이의 감정이 가라앉으면(이 과정에서 엄마의 마음도 함께 가라앉는다) 숟가락을 다시 주워 오라는 말을 화내지 않고도 충분히 제대로 전달할 수 있기 때문이다. 부정적인 감정에 대해 마지막에 반응하는 이유다. 만약 엄마가 "너, 어디 숟가락을 집어 던져? 다시 주워 와"라고 말했다고 가정해보자. 그러면 아이가 순순히 "네, 알겠어요. 엄마 제가 잘못했어요. 얼른 가서 숟가락 주워 올게요"라고 할까? 그러지 않을 것은 불 보듯 뻔하다. 결국 본말이 전도되어 어떤 것도 성공할 수 없다는 이야기다. 아이는 혼나고 엄마는 혼내고 부정적인 감정만 점점 더 커질 뿐이다. 아이와 엄마는 감정싸움으로 대립하고 일명 '맞장 상황'이 벌어진다. 결코 문제는 해결되지 않는다.

하지만 순서만 바꿨을 뿐인데 아이는 밥을 먹고, 잘못된 행동도 바로잡았으며, 엄마라는 인격체를 통해 부정적인 감정을 바람직하게 해소하는 방법도 배웠다. 정말 근사하지 않은가.

아이의 '감정'에 엄마가 '감정적'이면 안 되는 이유

평균적으로 30살 넘게 차이 나는 엄마와 아이의 감정싸움은 애초에 가당치 않다. 이성의 사령탑인 전두엽 발달이 완성된 엄마는 감정 뇌인 변연계만 발달한 아이의 감정에 감정적으로 대처하면 안 된다. 그러면 아이가 배울 것이 없다. 아이의 감정을 이해하면서 방향을 바로잡아야 할 엄마가 감정적으로 대응하면 엄마도 예상치 못한 방향으로 가게 된다. 아이와 감정싸움을 하다가 엄마가 저지르는 부정적인 감정 표현의 마지막이 바로 '체벌'이다.

엄마는 아이의 감정에 휘말리지 않고 아이의 부정적인 감정만을 바로잡아줘야 한다. 그래야 바른 행동으로 이어지기 때문이다. 아이가 부정적인 감정을 표출할 때 엄마는 전두엽을 가동시켜 곧바로 해야 할 일의 순서를 정한다. 먼저 아이의 잘못된 행동을 지적하기 전에 감정을 헤아린다. 집어 던진 숟가락은 나중에 주우면 된다. 감정적이면 가르침이 제대로 전달되지 않기 때문이다. 그런 의미에서 아이의 나쁜 감정을 우선 알아주고 시작하는 엄마의 말은 굉장히 훌륭하다.

"생각보다 많으니까 먹기 싫었어? ("네가 다섯 숟가락이라고 했잖아!"라는 말을 하고 싶지만 양의 개념이 발달되지 않았음을 얼른 인정하고) 그러면 네가 먹을 만큼만 덜어볼래?"

이 정도면 아이의 나쁜 감정이 가라앉게 된다. 여기서 절대 건너뛰면 안 되는 과정이 있다. 아이가 부정적인 감정으로 인해 표출했던 좋지 않은 행동을 제대로 짚고 수습하는 것이다.

"이제 할 일이 있어. 저기 숟가락 어떻게 할까?"

엄마가 가리키는 곳에 아이가 집어 던진 숟가락이 있다. 아이는 어떻게 해야 할까? 조금 전, 생각보다 많은 밥의 양으로 인해 스트레스를 받아 그 상황으로부터 회피하고 싶었던 아이에게는 코르티솔Cortisol 같은 호르몬이 분비된다. 뇌에서 스트레스에 가장 취약한 영역이 전두엽이라고 스트레스 전문가들은 입을 모아 말한다. 전두엽은 생각과 결정의 CEO다. 아이가 혼이 나서 부정적인 감정으로 가득하면 스트레스를 받아 엄마의 좋은 이야기도 모두 꾸중이나 질책으로 들릴 뿐이다. 미국의 심리학자인 로렌스 콜버그Lawrence Kohlberg의 도덕성 발달 이론을 살펴보면 도덕성 발달의 가장 높은 단계는 '옳은 것이기에 따른다'이다. 가장 낮은 단계는 혼이 나거나 벌을 받지 않기 위해 따르는 것이다. 굴종의 상태가 아니라 '옳은 것이기에 자발적으로 따른다는 도덕적 가치'를 지닌 아이로 키우려면 엄마가 하는 말의 순서가 무엇보다 중요하다. 엄마 말의 순서를 바꾸는 것은 아이를 멋대로 키우겠다는 의미가 아니다. 그보다는 아이의 고차원적인 도덕성 발달을 위해 '나쁜 상황'도 교육적이고 인격적인 상황으로 만드는 것이 엄마의 말이 가진 힘이다. 아이의 부정적인 감정과 태도에 대응할 때 엄마가 순서를 정해야 하는 명백한 이유이기도 하다.

말에도 순서와 강약이 있다

엄마가 아이의 감정을 알아주는 것이 혹시 불난 집에 부채질하는 것은 아닌지 불에 기름을 붓는 격이 되어 아이의 감정을 격하게 만드는 것은 아닌지 돌아보면 도움이 된다. 이를테면 아이의 기분이 좋지 않을 때 그 감정에 대해 파고들지 말고 가볍게 지나가는 것도 아이의 공감 능력을 높여주는 하나의 방법이다.

앞에서 제시한 두 번째 이야기에는 엄마한테 꾸중을 듣고 겨우 숙제를 마친 아이가 나온다. 아이에게 어떻게 접근하면 좋을까? “어차피 할 거면서 혼내기 전에 하면 좀 좋아”라는 말은 엄마 딴에는 ‘숙제하니까 기분도 좋고 홀가분하지? 다음부터는 혼나기 전에 스스로 하렴. 아까 혼내서 미안해’ 하는 마음으로 하는 말이었지만, 당연히 아이에게는 이런 마음이 전달될 리가 없다. 아이 입장에서 돌아보면 다음과 같다. 숙제를 안 했다고 혼이 났고(기분이 나쁘다), 하기 싫은 숙제를 했으며(짜증이 난다), 책상 앞에 오래 앉아 있었더니 몸과 마음이 모두 힘들다(굉장히 지친다). 때마침 엄마가 자신이 좋아하는 떡볶이를 만들었다. 그런데 들리는 말이 비난 2절이다. 아이의 뇌 속에서는 다시 투쟁과 도피의 반응이 일어나며 스트레스 호르몬이 증가한다. 그러니 나오는 말이 "됐어요"다. 엄마한테도 또 부정적인 감정이 일어난다. 기껏 애쓴 보람이 없다. 숙제를 한 아이도, 떡볶이를 만든 엄마도 모두 애썼는데 말이다. 이렇게 말했다면 어땠을까?

"숙제하느라 힘들었지? 네가 좋아하는 떡볶이 만들었어."

사람은 좋은 감정을 느꼈던 일을 자주 하려는 성향이 있다. 이른바 칭찬의 효과다. 감정도 마찬가지다. 부정적인 감정을 자꾸 들추면 스트레스 호르몬인 코르티솔 수치만 올라간다. 그러므로 '어떻게 하면 기분이 좋아질까?'에 집중해야 한다. 행복 호르몬인 세로토닌Serotonin 수치가 높아져야 기분이 좋아진다. 그래야 전두엽의 기능이 좋아져 엄마 말에 대한 집중도가 높아진다. 화가 나면, 즉 부정적인 감정이 많으면 안 들리고 투쟁과 방어 기제만 높아진다. 할 말은 하되 순서만 바꿔도 효과는 정반대다.

아이의 부정적인 감정에 대한 반응은 맨 마지막에 하자. 먼저 안아주고 알아주고 나서 나중에 가르쳐도 결코 늦지 않다. '주인공은 마지막에'라는 이치의 적용이다. 부정적인 감정에 대처하는 방법을 잘 가르치기 위해 맨 마지막이라는 순서를 활용하는 것이다.

Tip

가정에서 감정 조절력을 키우는 방법

❶ 긍정적인 감정 표현하기, '해피 트리'

- 해피 트리를 만드는 방법
  1) 나뭇가지를 구한다. (집 안의 식물을 활용해도 좋다.)
  2) 나뭇가지를 큰 병이나 빈 화분에 세워 나무처럼 꾸민다.
  3) 매일 행복한 일을 종이에 적어 이파리처럼 달아놓는다.
     (종이와 필기구는 빈 통에 담아 해피 트리 옆에 놓고 언제든지 쓸 수 있게 한다.)
- 해피 트리에는 온 가족이 참여한다.
- 일주일에 한 번 해피 트리 주위에 모여 간식 시간을 갖고 온 가족이 대화를 한다. 미니 밥상머리 교육 시간도 되고, 감정에 대한 다양한 표현도 나눌 수 있다.
- 해피 트리를 통해 온 가족이 행복은 일상 곳곳에 있다는 사실을 깨달을 수 있으며, 행복을 찾는 습관을 들일 수 있다. 행복하다고 느끼고 행복하다고 말하는 것도 습관이다.

❷ 부정적인 감정 표현하기, '감정 쓰레기통'

- 감정 쓰레기통을 만드는 방법
  1) 종이를 담을 만한 빈 통을 구해 집 안에서 가장 잘 보이는 곳에 둔다.
  2) 부정적인 생각이 들 때마다 내용을 종이에 적어 감정 쓰레기통에 버린다. (종이와 필기구는 빈 통에 담아 감정 쓰레기통 옆에 놓고 언제든지 쓸 수 있게 한다.)
- 감정 쓰레기통에는 온 가족이 참여한다.
- 감정 쓰레기통에 넣을 내용을 적을 때는 다른 사람이 나에게 했던 말이나 행동을 비난하는 것이 아니라 내가 했던 말이나 행동을 돌아보는 것으로 해야 한다. (친구를 째려봤던 나의 눈길을 반성하며 감정 쓰레기통에 쏙!)
- 일주일치의 내용을 모아 버리는 시간을 온 가족이 함께한다.

Chapter 3

아이의 사회성을 높이는 엄마의 말습관

사회성의 기본은 해야 할 일, 하지 말아야 할 일, 하고 싶지만 참아야 할 일, 하고 싶지 않지만 해야 할 일, 절대 하면 안 되는 일 등을 구분하는 것이다. 아이가 친구를 잘 사귀고, 양보하며, 배려하는 행동 등을 사회성이라고 말할 수도 있지만 더 근본은 해야 할 일은 하고, 하지 말아야 할 일은 하지 않는 마음가짐에 있다. 사회적인 동물인 사람이 잘 사는 방법은 '더불어'에서 비롯된다. '나'만이 아니라 '너'를 전제로 해야 한다. 하지만 사람은 본능적으로 항상 '나'를 우선순위에 둔다. 아이는 자기중심적인 성향이 강해 특히 더 그렇다. 엄마는 아이의 이런 성향을 다른 사람들과 더불어 살 수 있게 바로잡아줘야 한다. 아이의 사회성을 발달시키는 과정에서 엄마의 말이 중요한 이유다.

01 단호한 말로 사회성의 기본을 만들어주자

그날은 하루 종일 강연이 있는 날이어서 이동 거리가 만만찮았다. 뒤늦게 이시형 박사의 강연 소식을 듣고선 저녁 식사도 포기한 채 강연장으로 향했다. 신경정신과 의사임에도 유아기 아이를 둔 부모를 대상으로 한 책을 출간하게 된 배경을 이야기하는데 공감 백배였다. 이어 중학생 대상의 강연에서 20분밖에 강연을 하지 못하고 중단했던 경험을 나누는 대목에서는 정신이 번쩍 들기도 했다. 잠시도 집중하지 못한 채 왔다 갔다 하는 중학생들을 보며 이시형 박사는 유아를 둔 부모에게 관심이 갔다고 했다. 그는 모든 교육의 출발점은 영유아기이며, 기본예절은 자기조절력으로부터 비롯된다고 이야기했다.

자기조절력을 키워주는 엄마의 말, "안 돼."

자기조절력을 관장하는 뇌를 발달시키기 위해서는 아이에게 잘못된 행동을 제한하는 '억제 신경 회로'를 만들어줘야 한다. 생후 15개월 전후부터 가능하다. 어떻게 만들어줄 수 있을까? 엄마의 "안 돼"라는 말이 방법이다. 만약 아이가 어리다면 "안 돼"라는 엄마의 말과 함께 행동까지 보여주는 것이 좋다. 아이가 슬금슬금 기어가다 쓰레기통 앞에서 쭈뼛거리며 엄마를 쳐다본다. "엄마 이거 만져도 돼?"라는 신호다. 이때 엄마가 보여야 할 태도는 단호함이다. 당연히 목소리도 단호하게 "안 돼"라고 말해야 한다. 아이가 귀엽다고 웃으면서 말하면 말의 효과가 줄어들 뿐만 아니라 아이를 혼란스럽게 만든다. '해도 된다는 말인가?' 하며 아이는 눈치를 본다. 만약 위험한 물건이라면 말만으로는 부족하다. 아이가 종종거리며 뛰어오더니 설거지하는 엄마 옆의 가스레인지에 손을 뻗는다.

"안 돼. 뜨거워."

단호한 말과 함께 아이를 번쩍 안아 거실로 옮긴다. 말뿐만 아니라 행동으로도 보여주며 위험 상황으로부터 피하게 하는 것이다. 그런데도 또다시 같은 행동을 한다면 위험하다는 사실을 확실히 알려줘야 한다. 엄마가 가스레인지에 손을 살짝 대며 "앗, 뜨거워!" 하고 얼굴을 찡그리면 아이는 "뜨거워. 위험해"라고 인지할 것이다.

기본예절의 기초에는 '하면 안 되는 일'에 대해 인지하는 것이 포함된다. 엄마가 아이를 사랑하고 그 바탕에 애착과 신뢰가 있다면 "안 돼"라고 말하기를 두려워해서는 안 된다. 아이가 살아갈 사회에는 하면 안 되는 일이 정말 많기 때문이다.

아이의 사회성과 전두엽 발달의 상관관계

"사회성의 기본이 무엇인가요?"

아이의 사회성에 대한 책을 쓰고 강연을 해서인지 이런 질문을 종종 받는다. 그럴 때마다 나는 해야 할 일, 하지 말아야 할 일, 하고 싶지만 참아야 할 일, 하고 싶지 않지만 해야 할 일, 절대 하면 안 되는 일 등을 구분하는 것이라고 대답한다. 간단히 정리하자면 사회적으로 용인되는 행동만 하고, 사회적으로 용인되지 않는 행동은 하면 안 된다는 것이다. 친구를 잘 사귀고, 양보하며, 배려하는 행동 등을 사회성이라고 말할 수도 있지만 더 근본은 해야 할 일은 하고, 하지 말아야 할 일은 하지 않는 마음가짐에 있다. 어떻게 해야 할까? 아이의 자기조절력을 키워주면 된다.

아이가 해야 할 일을 할 때 맞닥뜨리는 가장 흔한 장애물은 '어떻게든 해야 하는데 하고 싶지 않다'라는 게으름이다. 이때 자기조절력이 '하고 싶지 않지만 해야 해'라는 내면의 언어를 말하게 하고 또 그렇게 하도록 아이를 이끈다. 자기조절력은 숙제, 공부 등 하고 싶지 않은 일을 참고 해내게 만든다. 하고 싶지만 참아야 할 일 앞에서도 자기조절력은 위력을 발휘한다. 친구의 장난감을 빼앗고 싶지만 '안 되는 일이야', 새치기를 해서 1등을 하고 싶지만 '그렇게 하면 친구의 마음이 안 좋을 거야. 그럼 어떻게 해야 하지? 기다려야 해'라고 자신을 설득한다. 화가 나서 주먹이 올라가고 욕이 나오려고 하지만 꾹 참는다. 이런 행동들이 모두 자기조절력에서 비롯된다. 종합적으로 말해서 자기조절력은 사람을 사람답게 하는 힘이며, 뇌의 부위 중 전두엽과 관련이 있다.

사회적인 동물인 사람이 잘 사는 방법은 '더불어'에 있다. '나'만이 아니라 '너'를 전제로 해야 한다. 하지만 사람은 본능적으로 항상 '나'를 우선순위에 둔다. 특히 영유아기 아이들에게는 '자기중심적'인 특징과 '이기심'이라는 양 날개가 있다. 아이들을 살펴보면 천사 같은 면과 지독하게 이기적인 면이 동시에 나타난다. 본능이 앞서는 발달 단계에 있기 때문이다. 엄마는 이러한 아이들의 본능을 다른 사람들과 더불어 살 수 있게 잡아줘야 한다. 기본예절을 가르쳐주는 것이다. 아이들이 전두엽을 발달시키는 과정에서 엄마의 섬세한 가르침과 반복은 꼭 필요하다.

지독지애舐犢之愛는 어미 소가 송아지의 털을 핥아주는 지극한 사랑을 일컫는 말이다. 여기서 사랑은 2가지로 비유할 수 있다. 자식에 대한 부모의 지고한 사랑, 그리고 자식에 대한 부모의 무분별한 사랑이다. 이치를 아는 아이, 옳고 그름을 제대로 판단하는 아이로 키우는 일이 부모가 아이에게 온전한 사랑을 주는 길이다. 옳은 일을 행하고 그른 일은 행하지 않아야 하지만 아이는 금지에 대한 호기심이 많다. 하지 말아야 할 일에 오히려 더 많은 유혹을 느낀다. 아이에게 기본예절을 가르쳐야 하는 이유다. 기본이라서 누구나 잘 지킬 것 같지만 사실 엄청난 자기조절력이 필요하다. 앞에서도 언급했지만 자기조절력은 옳고 그름을 제대로 판단해서 실천할 수 있게 돕는 장치다. 나는 엄마가 일상적으로 하는 말 가운데 "안 돼"와 "절대 안 돼"가 영유아기의 자녀 양육에 미치는 영향이 굉장히 크다고 생각한다. "안 돼"는 부정적인 말이 아니라 아이를 제대로 키울 수 있는 키워드이기 때문이다. 부모의 지독지애에는 '해서는 안 되는 일'을 했을 때 '안 된다'라고 가르쳐 주는 것도 포함된다. 아이가 절대 해서는 안 되는 일을 했다면 묻지 말고 말해야 한다.

"안 돼. 절대 안 돼."

엄마가 "안 돼. 절대 안 돼"를 기꺼이 말하지 않으면 아이는 세상에 나아가 혹독한 현실을 경험하게 될지도 모른다. 당연히 아이들도 기본을 갖춘 상식적인 친구를 좋아한다.

기본을 갖춘 사람으로 키우는 엄마의 말

아이에게 절제는 언제부터 가르쳐야 할까? 2~3살부터 시작하자. 특히 어린이집에 보내는 시기가 이보다 빠르다면 아이가 알아듣는 수준에서 조금씩이라도 가르치면 좋다. 그리고 유아기가 끝날 무렵부터는 '하고 싶지 않지만 해야 할 일'도 조금씩 하게 해야 한다. 그래야 초등학교에 입학해서 수업 시간 40분 동안 분위기를 흐리지 않고 꾹 참고 제자리에 앉아 있을 수 있다. 즐거운 학교생활과 효율적인 공부를 하려면 최소한의 조건이 갖춰져야 한다. 참는 힘과 지루함을 견디는 힘이다. 자기조절력은 자기 자신과의 문제를 넘어 타인과의 관계 형성 및 사회 적응력과 연결되며 더 나아가 자존감과 관련이 있고 공부와 직결된다.

'내 마음대로만 할 수는 없구나'라는 좌절은 아이를 키운다. 내 멋대로 자란 아이는 자기 멋대로 하다가 비난과 지적을 받기 십상이다. 지적받는 아이의 학교생활이 즐거울 리 없다. 애착 육아, 자존감 육아, 친구 같은 부모의 육아, 벤저민 스포크Benjamin Spock 박사의 육아 등을 맹신해 '욕구 억제는 아이의 자존감을 해치고 욕구 충족이 아이를 잘 키운다'라고 생각하는 것은 아닌지 한번쯤 점검할 필요가 있다. 아이의 사회성은 해서는 안 되는 일을 정확히 알게 하는 것에서부터 시작된다. 아이가 위험한 행동, 규칙을 어기는 행동을 하면 엄마는 표정을 가

다듬고 단호하게 말해야 한다.

"안 돼."

아이가 조금 더 자란 후에는 보다 구체적으로 세분화해서 알려준다. 다른 사람은 물론 나와의 약속도 지켜야 하며, 그런 다음에야 자신이 바라는 사람이 될 수 있다는 사실 또한 알려줘야 한다. 세상이 필요로 하는 사람이 리더라면 리더의 요건은 '기본을 갖춘 사람'이다. 아이의 꿈이 클수록 작은 것에서 소홀함이 없도록 엄마가 말로써 다져주면 된다. 모퉁이의 작은 돌이 거대한 건축물을 견고하게 하는 법이다. 아이가 7살 정도 되었다면 "안 돼", "해라"라는 엄마의 말을 줄이고 다음과 같이 말하면 사회성 발달에 효과적이다. 아이로 하여금 옳다고 생각하는 방향으로 대답할 수 있게 하는 열린 질문이다.

"기본예절을 지켜야 하는 이유는 무엇일까?"
"공중도덕에는 무엇이 있을까? 왜 필요할까?"
"약속을 지키는 일이 왜 중요할까?"

Tip

"안 돼"라고 말하기 전에 엄마가 해야 할 준비

발로 차는 아이, 구르는 아이, 소리 지르는 아이, 깨무는 아이, 꼬집는 아이, 주먹 쥐고 공격적인 태도를 보이는 아이, 남의 것을 빼앗는 아이, 자기가 좋아하는 것만 하려는 아이… 어떻게 해야 할까? 엄마가 당연히 "안 돼"라고 말해야 한다. 하지만 그 전에 다음의 사항들을 살핀다.

❶ **생후 6개월까지는 아이의 욕구에 민감하게 반응하며 사랑한다.**

❷ **생후 6개월 이후부터는 이유식을 시작하듯**(먹기 싫어도 균형 잡힌 발달을 위해 이유식을 받아들이듯) **아이가 세상의 규칙을 조금씩 배워나가도록 양육한다.**

❸ **아이에게 제1자립기는 돌 무렵으로, 이때부터 적절한 제지는 필수다.**

- "안 먹고 싶어도 먹어야 해."
- "던지고 싶어도 그러면 안 돼."

❹ **두 돌 이후부터는 무엇을 해야 할 때 이유를 정확히 알려준다.**

- "걷기 싫어도 걸어야 해. 지금은 엄마가 힘들어서 안아줄 수 없어."
- "이제 정리할 시간이야. 하기 싫어도 해야 해. 그래야 다음에 또 놀 수 있거든."

02 아이의 위치에서 이야기를 나누고 제안하자

'우당탕!' 무슨 소리인가 싶어 방문을 여니 아이가 큰소리를 낸다.

"엄마는 노크도 몰라?"

"노크했거든."

"노크하면 다야? 기다려야지. 매너가 꽝이야."

노크로 언쟁할 일이 아니라는 것을 알면서도 엄마는 화가 난다.

"지금 노크가 문제야? 매너가 문제야? 너 지금 이게 뭐야?"

방바닥에는 책 몇 권과 태블릿이 떨어져 있다. 망가졌을 수도 있다고 생각하니 엄마는 더 화가 난다.

"너 정말 너무한 거 아니야? 공부 좀 한다고 다 받아줬더니 진짜 못됐어. 그러니 옆에 친구가 남아나니? 엄마니까 받아주지."

엄마는 아차 싶었다.

"그래, 엄마. 나 못됐어. 그래서 친구도 없어. 못돼서 미안해, 미안하다구! 그러니 제발 문 좀 닫고 나가주세요."

수학 문제로 끙끙거리던 초등학교 3학년 아이가 문제집을 밀친다는 게 옆에 있던 태블릿까지 떨어뜨리고 말았다. 순간 아이는 놀라고 당황했지만 얼른 정신을 차리고 치우려고 했는데 그때 하필이면 엄마가 들어왔다. 그나마 아이의 "미안해"가 진심이든 아니든 엄마의 화를 더 이상 번지지 않게 했지만 엄마가 무심코 던진 "그러니 옆에 친구가 남아나니?"라는 말은 딸에게 어떤 영향을 미쳤을까?

아이의 긍정적인 자아와 사회적 기술

'화는 화禍를 부른다'라는 말이 있다. 화가 나면 이성이 마비되어 감정 조절능력을 화가 덮쳐버린다. 하지만 다행히 화는 몇 초 정도 나다가 말 때가 많다. 조상들이 내놓은 지혜처럼 '참을 인忍' 자 3번이면 큰 화를 면할 수도 있다. 부모 교육 강연에서 엄마들과 함께해봤다. '참을 인' 자를 3번 쓰는 동안 엄마들은 깊은 심호흡을 연거푸 했다. 20여초 정도가 소요되었다.

엄마가 아이를 키우면서 화가 나는 가장 큰 이유는 아이 때문이다.

이유를 대자면 한도 끝도 없다. 아이가 엄마의 마음을 몰라줘서고, 말을 안 들어서다. 그리고 또 있다. 아이가 엄마한테 화를 낼 때, 엄마가 화가 난 아이를 대해야 할 때다. 엄마는 아이의 감정을 인정해야 한다는 사실을 잘 안다. 하지만 아이가 화를 내면 엄마도 덩달아 화가 나니 문제가 발생한다. 이 문제를 푸는 것이 엄마의 숙제다. 엄마가 아이의 다양한 감정에 대해 잘 알고 조절하면 정서 발달은 물론이고 사회성 발달에도 긍정적인 영향을 미친다. 이때 엄마의 말이 중요한 역할을 한다.

'감성지능Emotional Intelligence'이라는 용어를 처음으로 사용한 미국의 심리학자 다니엘 골먼Daniel Goleman은 사회적 기술이 자기인식능력, 조절능력, 동기부여능력, 공감 능력이 잘 발휘될 때 가능한 능력이라고 했다. 타인과 소통하고 인간관계를 제대로 형성하기 위해서는 개인의 감성지능이 선행되어야 한다고 했는데, 사람은 자신을 인식하는 시스템으로 타인과 사회를 인식하기 때문에 무엇보다 자신을 인식하고 조절하며 공감하는 능력이 중요하다는 것이다. 긍정적인 자아는 긍정적인 인간관계를 형성하게 한다. 우리가 흔히 말하는 사회성, 사회적 기술은 타인과 관계를 맺고 유지하며 관리하는 능력이다. 아이가 긍정적인 자아상을 가지면 사회적 기술이 발달한다.

일이 잘 풀리고 웃으며 행복할 때는 다 좋다. 하지만 오해가 생기고 화가 나는 등 불행할 때가 문제다. 아이의 자아상은 문제 상황에서 깨지거나 상처받기 쉽다. 아이가 불편한 감정까지도 현명하게 대하고 다스릴 수 있도록 엄마가 도와줘야 한다. 그래야 아이가 자신의 감정을 돌아보고 다스리며 긍정적인 자아상을 정립해 사회적 기술을 발달시킬 수 있다.

사회성의 샘물은 긍정적인 정서다. 아이의 샘이 깊고 맑아야 사회성이 발달한다. 그렇다면 아이의 분노, 공격성, 슬픔 등은 반드시 제거해야 할 오염 물질일까? 다니엘 골먼의 말을 빌리면 그렇지 않다. 사회적으로 유능한 리더는 자신의 감정을 숨기거나 부정하지 않는다. 오히려 자신의 감정을 알아채고 다스린다.

"유능한 리더들은 자기감정을 다루는 법을 배웠다. 그래서 분노, 걱정, 슬픔이라는 중요한 3가지 감정을 잘 통제할 수 있었다."

세상에는 똑똑한 인재도 필요하지만 스트레스 상황을 의연하게 받아들이고 해결하며 타인의 스트레스까지 고려해 함께 나갈 수 있는 능력을 갖춘 사람이 그만큼이나 절실히 요구된다. 결국 사회적으로 인정받는 뛰어난 리더는 자신과 타인의 감정 주파수를 맞추는 사람이다. 엄마가 아이의 사회성을 발달을 위해 아이의 감정을 살피면서 말해야 하는 이유다. 기쁘고 행복한 감정에 대한 반응은 굳이 연습하지 않아도 실수할 일이 별로 없다. 그보다는 '슬픔, 화, 근심, 걱정, 또는 알지 못하는 나쁜 감정들'에 주목해야 한다. 하지만 불행히도 몇몇 엄마들은 자신의 감정에 대해 깊은 돌봄을 받았던 적이 없어 아이의 부정적인 정서 앞에서 더 당황하고 화내는 아이 앞에서 더 화를 낼 때가 많다.

나쁜 감정까지 고맙게 여겨야 하는 이유

사회적 기술은 '자신이 원하는 방향으로 사람들을 움직이는 능력이자 영향력'이다. 리더의 능력이 사회적 기술이며, 이것을 계발하는 데 아이의 감정을 대하는 엄마의 태도가 큰 영향을 미친다. 아이가 부정적이고 불편한 감정을 가질 때가 기회다.

지금 하기 싫은 숙제 때문에 짜증이 나고, 친구와의 갈등으로 인해 스트레스를 받으며, 성적으로 주눅이 들어 있는 아이, 감정의 롤러코스터를 타고 있는 아이에게 "왜 그러냐?"라고 말하는 것은 전혀 도움이 되지 않는다. 이럴 때는 아이의 감정을 살피는 말을 건네야 한다. "그래서 화가 났구나"라고 엄마가 아이의 화를 인정해주면 그때부터 '화'라는 감정은 몹쓸 감정이 아니라 쓸 만한 감정이 되어 긍정적인 자아 형성에 도움이 된다. 엄마는 아이의 마음에서 대화를 나누고 아이의 위치에서 감정을 들여다봐야 한다. 아이의 화로 인해 엄마에게도 화가 미치는 설상가상이 아니라, '화'라는 아이의 감정까지도 소중히 여기는 엄마의 반응으로 상황은 완전히 달라질 수 있다.

나쁜 감정은 분명히 있다. 불명확한 나쁜 감정도 있고, 분명하게 나쁜 감정도 있다. 아이와 함께 이런 감정들을 찾아내 이름을 붙여보면 어떨까. 정확히 알아야 해결할 수 있는 법이다. 그리고 화가 난 이유가 무엇인지 말로 표현하는 연습을 하면 된다.

"짜증이 났구나. 그런데 고함을 지르면 상대방에게 이유를 전달할 수 있을까?"
"친구가 네 마음을 몰라줘서 슬펐어? 그래서 눈물이 났구나."

문득 어느 엄마의 사연이 생각났다.

"아이가 머리를 막 풀어 헤친 채 방에서 소리를 빽빽 지르는 거예요. 시험 때문에 미칠 것 같다고 하면서요. 그래서 '시험이 다가오니 걱정이 많아져서 그래?' 하며 아이의 감정에 이름을 붙이고 알아주려고 했죠. '그런다고 문제가 해결될까?'라는 말이 목구멍 끝까지 올라왔지만 잘 참고 말을 이어나갔더니 정말 효과가 있었어요. 아이가 '엄마, 중간고사가 내일 모레까지니까 이틀만 참아주세요. 저도 노력할게요'라고 하더라고요. 저도 모르게 고맙다고 하면서 딸을 껴안고 운 거 있죠."

"'무슨 일 때문에 그런 건지 엄마한테 말해줄래?'라고 했더니, 오히려 '모른다구, 나도 몰라요!' 하며 화만 내요. 그러면 저도 애써 눌렀던 화가 나요" 하는 경우도 있다. 사람은 화가 날수록 감정이 단순해진다. 물론 이성적인 질문이 나쁘지는 않지만 아이가 짜증만 낼 수도 있다. 차라리 단답식에 가까운 짧은 질문으로 "화났어?"라고 물어보는 편이 낫다. "네", "아뇨"로 부담 없이 대답하도록 말을 건다. 그다음에 "화가 났구나" 하며 품에 꼭 안아주면 된다. 진정할 때 가슴을 손바닥으로 누르면 도움이 되듯이 서로 가슴을 밀착시키면 엄마도 아이도 안정이 된다. 이제 엄마가 말을 할 차례다.

"혹시 엄마가 도와줄 일이 있을까?"

아이의 감정을 보듬고 사회성을 발달시키는 엄마의 단계별 말하기

자신의 감정을 스트레스 탓으로 몰아가는 아이, 그 출구를 폭력으로만 표현하는 아이가 있는 그대로 감정을 인식하고 현명하게 풀어나갈 수 있도록 엄마는 말로써 도와줘야 한다. "세상에 화가 안 나는 사람이 어디 있어? 그렇게 울고불고하면 문제가 해결돼?"라는 말이 아이가 감정을 인식하는 데 도움이 될까? 자기 분에 못 이겨 방바닥에 머리를 박는 3살짜리 아이에게 "왜 그러는 건데? 말로 해야지"라는 말이 아이의 입을 열고 행동을 멈추게 할 수 있을까? 방석을 대주고 몇 번 쿵쿵 박으면 풀어지겠냐고 현실적으로 접근하거나 말없이 방석만 대주고 지켜보는 방법이 오히려 효과적이다. 아이 스스로 감정의 모양을 인식하게 하려면 엄마로부터 감정 거부를 당하지 않아야 한다. 그러므로 엄마는 아이 마음의 높이에서, 아이와 같은 위치에서 대화를 나눠야 한다. 친구와 문제가 생겨 울고 있는 아이에게는 어떤 말이 좋을까?

"울어서 기분이 나아질 것 같으면 다 울고 엄마와 이야기할까?"

"그래서 눈물이 나는구나. 엄마라도 그럴 것 같아."

"화날 만하네. 그래서 화가 난 거구나."

네가 그럴 만한 이유가 충분하다는 엄마의 공감이 아이에게는 어떤 말보다 위로가 된다. 위로는 나쁜 감정을 순화시킨다. 이런 경험을 한 아이는 자신의 감정이 소중함을 안다. 설령 부정적인 감정도 부정하지 않고 그 감정 또한 사람이 지닌 소중한 감정임을 안다. 그래야 타인조망능력이 생겨 타인의 감정에도 소홀하지 않는다. "그런 게 어디 있어?"가 아니라 "충분히 그럴 수 있어"라고 보듬는 사람이 되는 것이다. 바로 이런 사람이 사회성이 발달한 사람이다.

자신을 부정당한 아이가 다른 사람을 인정하기란 어렵다. 자신의 감정을 인식한 아이만이 감정을 조절할 수 있다. 그러므로 엄마는 아이의 감정을 인정하고 안아주며 그럼에도 어떻게 통제하고 조절할지 아이의 위치에서 이야기를 나눠야 한다. "네가 그랬으니 그런 일이 일어났지"라는 단정적인 말보다는 "네가 그렇게 한 걸 충분히 이해해"라고 받아들이는 말을 해야 한다. 그다음에 "어떻게 하면 좋았을까?"에 대해 이야기를 나누면 된다. 과거를 끄집어내어 비난하자는 것이 아니다. '그랬으면 좋지 않았을까?'는 앞으로의 감정을 대하는 데 도움이 된다.

"그래서 그랬구나. 네 마음을 잘 알겠어. 하지만 다른 방법도 있을 거야."

마지막으로 하나가 더 남았다. 아이의 감정을 보듬고 사회성을 발달시키는, 엄마의 미래형 질문이다.

"앞으로 그렇게 화가 날 때는 어떻게 하면 좋을까?"

Tip

시간을 되돌리는 엄마 말의 마법

"다 지난 일 갖고 왜 그렇게 속상해해? 그런다고 원래대로 돼?"라고 할 수도 있지만 아이의 위치에서 감정을 받아주기 위해서는 시간을 되돌리는 말을 하면 도움이 된다. 옆에 시계를 놓고 정말로 되돌린 후에 말하면 훨씬 실감이 날 것이다. 엄마 말대로 이미 지나간 일이지만 돌이킬 수 없는 것은 아니다. 돌이켜볼 수 있기 때문이다. 돌이켜보기는 단순한 후회와 자책이 아니다. 대책을 세울 수 있다. 이러한 과정을 통해서 아이는 상황을 돌이켜 생각(반성)하고 앞으로 반복되는 실수를 줄일 수 있으며 조금 더 유연하게 인간관계 능력을 발달시킨다. 이것은 엄마가 가르쳐주는 일방적인 사회성이 아니라 아이 스스로 깨우쳐나가는 사회성이라 더 의미 있다. 이렇게 말을 하고 나면 엄마가 "앞으로 어떻게 할 거야?"라고 굳이 묻지 않아도 아이 스스로 "앞으로 이렇게 해야겠어요"라는 지혜를 얻게 될 것이다.

❶ 장난감을 집어 던진 7살 아이에게

- "아무리 화가 나도 장난감 집어 던지면 된다고 했어, 안 했어?" (×)
  "만약 20분 전이라면 화난 감정을 어떻게 표현했을 것 같아?" (○)

❷ 거절을 못하고 친구에게 물건을 빌려준 8살 아이에게

- "그때 안 된다고 하지 그랬어! 왜 걔한테 끌려다니고 그래?" (×)
  "만약 2시간 전이라면 어떻게 거절할지 엄마와 연습해보자." (○)
- 거절하는 순서를 알려주면서 연습하면 도움이 된다.
  1) 미안해(네가 원하는 대로 못해줘서)
  2) 하지만(내가 사용해야 해)
  3) 그래서(빌려줄 수 없어)

❸ 친구와의 말싸움을 후회하는 9살 아이에게

- "이렇게 후회할 거면서 왜 싸워? 걔랑 친하다며 내일 어떻게 할래? 네가 먼저 사과할 거야? 그러니까 엄마가 화나도 참으라고 했잖아!" (×)
  "시간을 3시간 전으로 돌린다면 친구에게 어떻게 말할 거야?" (○)

03 폐를 끼치는 행동은 확실히 훈육하자

4~5살쯤 되어 보이는 남자아이가 식당에서 식탁 사이를 뛰어다녔다. 아이의 엄마는 "너, 그러다가 다친다. 또 뛰어다니네. 그렇게 안 한다고 약속했잖아" 하며 아이에게 큰소리를 치고는 일행과 식사를 계속했다. 남자아이는 식당에 비치된 물건들을 이용해 여러 가지 놀이를 거침없이 하고 있었다. 식탁 위에 컵을 늘어놓기도 하고, 수저통 안의 수저를 모두 꺼내 칼싸움도 했다. 그러더니 혼자 식사하던 할아버지 자리에 가서 컵 속의 물을 국수 그릇에 부었다. 당황한 할아버지의 "이놈!" 소리에 아이는 재빨리 달려가 엄마 뒤로 숨었다.
"왜? 왜 또?" 엄마가 아이에게 물으며 할아버지를 흘긋 쳐다봤고, 바로 상황을 파악한 엄마는 아이를 번쩍 안아 올려 밖으로 데리고 나갔다. 잠시 후 엉엉 우는 아이와 엄마가 들어오더니 "내가 못 살아. 봤지? 외식은 엄두도 못 내. 밥도 제대로 못 먹고 정말 얘를 데리고 나오느니……. (징징거리는 아이를 향해) 못 그쳐? 조용히 해. 또 그러기만 해봐. 그때는 진짜 혼낼 거야"라고 말했다. 엄마의 큰소리가 이어졌고, 아이의 울음소리도 커져 식당은 어수선해졌다. 직원이 할아버지 식탁으로 와서 식탁에 엎질러진 물을 닦았고, 할아버지는 옷에 튄 물기를 정리했다. 잠시 후 할아버지는 아무런 말없이 식당 밖으로 나갔다. 어린아이가 한 잘못이니 아이를 상대로 시비를 가릴 수도 없었을 것이다. 물론 아이의 보호자인 엄마가 있지만 엄마 또한 아이 때문에 속상해서 소리를 지르고 아이는 울고 있으니 누구인들 이 상황에서 자신의 손해를 따져 물을 것인가.

아이가 폐를 끼쳤을 때 상대방에게 하는 엄마의 말

아이가 아무리 어려도 다른 사람에게 폐를 끼치는 행동에 대해서는 그 자리에서 즉시 바로잡아줘야 한다. 그런데 사실 쉽지 않다. 엄마와 아이, 단둘이만 있을 때도 훈육이 쉽지 않은데, 이런 상황은 굉장히 복합적이다. 여러 사람들이 이용하는 장소인데다, 아이는 울고, 폐를 끼친 사람한테는 어쩔 줄을 모르겠고, 일행에게는 미안하고, 엄마는 화나고 창피하기까지 하다. 어떻게 하면 좋을까? "조용히 해. 울지 마. 뭘 잘했다고 울어?"라는 말 대신 얼른 순서를 정해서 일을 수습해야 한다. 위기의 순간을 교육의 기회로 바꾸는 것은 절대적으로 엄마의 평소 말습관에서 비롯된다. 당황하거나 화가 났을 때 습관적인 말이 나오므로 평소에 꾸준히 연습해야 한다.

아이가 다른 사람에게 폐를 끼쳤을 때 엄마의 말은 일반적인 훈육 상황과는 달라야 한다. 아이에게만 집중하기에는 더 크게 피해를 본 사람이 있기 때문이다. 사람에게 식사는 중요한 문제다. 그런데 내 아이 때문에 누군가 그 시간을 망쳤다면 엄마에게는 아이의 훈육과 상대방에 대한 수습 사이에서 빠른 판단을 해야 하는 기술이 요구된다. "할아버지께 사과드리자"로 엄마의 말은 시작되어야 한다. 아이가 엉덩이를 뒤로 빼며 "안 해", "싫어요"라고 할 수도 있다. 엄마는 아이가 자신의 행동으로 인해 벌어진 일과 낯선 사람에 대한 경계로 겁이 날 수도 있음을 충분히 이해하고, 아이가 사과드리기를 거부한다면 더 이상 시간을 끌면 안 된다. 아이와 어느 정도 선에서 얼른 마무리하고 할아버지에게 주의를 돌려야 한다.

"그럼 엄마가 대신 사과드릴게."

엄마는 할아버지에게 정중히 사과한다. 물론 아이를 데리고 가야 한다. 엄마는 아이 대신이므로 주체인 아이를 제외해서는 안 된다.

"죄송합니다. 제 아이가 국수에 물을 부어 드시지 못하게 했어요."

여기서 끝이 아니다. 사과한다고 해서 모든 문제가 해결되는 것은 아니기 때문이다. 상대방이 무엇을 원하는지 정중히 묻고 상대방이 원하는 대로 해야 한다. 다시 주문을 하든지 계산을 하든지 할 수 있는 최선을 다하는 것이다.

"어떻게 해드리면 될까요? 식사를 다시 주문해드릴까요?"

그러고 나서 결정된 상황을 아이에게 알려줘야 한다. 어리기 때문에 보호자인 엄마가 대신 문제를 해결하지만 폐를 끼친 주체는 아이임을 명확하게 인지시켜야 한다. "네가 물을 부어 국수를 못 드시게 해서 엄마가 할아버지 국수 값을 대신 내는 거야"라고 말이다. 돈으로 모든 것을 해결할 수는 없지만 사과하는 마음뿐만 아니라 물질로도 폐를 끼친 행동에 대해 최선을 다하는 모습을 보여줘야 한다. '아이를 키우다 보면 그럴 수도 있지'라는 말이 보여주듯 아이들은 이런저런 문제 상황을 만들면서 자란다. 아직 자아가 미숙한 상태이기 때문이다. 그래서 성숙한 보호자의 현명한 역할이 중요한 것이다. 물론 이 과정에는 이미 아이에 대한 훈육이 포함되어 있지만, 당연히 따로 아이에게 주의를 돌려 다른 사람에게 폐를 끼치는 행동에 대한 정확한 지침을 알려줘야 한다.

아이가 폐를 끼쳤을 때 아이에게 하는 엄마의 말

엄마가 아이를 안고 밖으로 나간 것은 잘한 일이었다. 소리를 지르며 "아니야. 싫어" 하는 아이와 식당에 계속 있으면 다른 사람들에게 또 다른 폐를 끼치게 되므로 우선 다른 장소로 옮긴 것까지는 좋았다. 하지만 잠시 후 돌아온 엄마가 "봤지? 외식은 엄두도 못 내", "또 그러기만 해봐. 그때는 진짜 혼낼 거야"라는 말을 했다. 사실 이런 말은 밖에서 아이에게 한 것만으로도 충분하다. 아이를 공개적으로 비난하는 말은 불필요하다. 아이에게도 체면이 있다. 체면이 구겨진 아이는 '어차피'라는 심정이 된다. 엄마가 아이의 자존심을 건드리지 않아야 하는 이유는 아이가 스스로 썩 괜찮은 사람이라고 생각해야 괜찮은 행동을 하기 때문이다. 부정적인 강화도 강화다. 체면을 깎아내리는 부정적인 상황이나 엄마의 말이 부정적인 행동을 강화시키므로 '지나가기', '무시하기' 등과 같은 방법을 사용하는 것이다. 밖에서 정확히 훈육했다면 굳이 여러 사람들 앞에서 아이를 한 번 더 혼내지 말자는 이야기다. 이렇게 하면 어떨까?

먼저 사람들이 없는 장소로 자리를 옮긴 후 엄마의 목소리를 낮추고 아이에게 집중한다. 이와 같은 행동을 한 아이라면 그동안 엄마에게 주의를 많이 들었을 것이다. 하지만 과거의 잘못은 꺼내지 말고 현재 상황에 대해서만 말해야 한다. 정확하게 짧게 침착하게 말이다.

"왜 그런 행동을 했어?"

만약 엄마가 "왜 그렇게 못된 짓을 했어? 왜 그랬어?"라고 물어보면 아이는 추궁을 당한다고 느껴 질문에 제대로 대답할 수가 없다. 아이가 물을 부어서 결과적으로는 할아버지가 국수를 못 드시게 되었더라도 처음부터 아이가 '아, 내가 물을 부으면 할아버지가 국수를 못 드시겠지?'라는 의도(엄마 표현을 빌리면 '못된 짓')를 갖지는 않았을 것이다. 그러므로 엄마는 말을 다듬어야 한다. 만약 "재밌어서", "그냥" 등 아이의 대답에 더 화낼 것이라면 더 이상 묻지 말고 지침의 말을 명확하게 하는 편이 낫다.

"그런 행동은 하면 안 돼."

물론 이유를 막론하고 아이의 행동은 앞으로 다시 해서는 안 되는 행동이다. 하지만 이 일을 계기로 아이에게 확실하게 알려주려면 제대로 말하는 것이 좋다. "잘 모르고, 재밌어서, 그냥" 등 아이의 대답에 따라 엄마의 대응도 달라지겠지만, 아이의 행동에 '못된 짓을 해야지' 라는 의도는 없는 것이 분명하므로 "정말 못됐어"라는 말은 삼가야 한다. 엄마가 아이를 잘 키우고 싶은 이유는 '된 사람'을 만들고 싶어서다. 사회성, 문제 해결력, 공감 능력, 인성은 별개의 문제가 아니며 가르치는 시간, 배우는 시간이 따로 있는 것도 아니다. 좋은 상황에서 웃으면서 엄마가 자연스럽게 보여주기도 하지만 좋지 않은 실수 상황에서 더 잘 가르치고 배울 수도 있다. 위기가 기회가 되는 셈이다. 단, 위기 상황에서 엄마가 분노를 참지 못해 아이를 공격하면 위기는 계속 이어지고 아이에게는 '나쁜 아이'라는 낙인만이 찍힌다. 아이는 자신의 잘못된 행동으로 좋은 것을 배울 수도 있고 나쁜 것을 배울 수도 있다. 그저 단순히 혼나기만 한다면 폐 끼치는 행동을 절대 하면 안 된다는 사실을 배울 수가 없다. 혼내는 것이 목적이 아니라 다른 사람에게 폐를 끼치면 안 된다는 사실을 가르치는 일이 목적이 되어야 한다.

사회성의 토대가 되는 '역지사지' 말하기

일본의 한 온천에 갔을 때 봤던 장면이 두고두고 기억난다. 옆 사람에게 물이 튀지 않게 하려고 바가지에 적당량의 물을 떠서 살며시 끼얹던 모습과 사용한 바가지는 45도 각도로 세워 물기가 빠지게 해놓고 나가던 모습이었다. 비행기의 창문 좌석에 앉아 신문을 보다가 가운데 좌석의 사람이 바깥 풍경 사진을 찍으려고 하자 신문을 내려주던 매너 좋은 승객도 생각난다. 그 승객은 신문을 최대한 접어 옆 사람이 언제든 창밖을 보도록 배려했다. 신문을 볼 때 바스락거리는 소리조차 나지 않게 조심한 것은 물론이다. '조심스럽다'와 '폐를 끼치다'는 알고 보면 참 사소한 차이에서 비롯된다. 옆 사람을 의식하는가, 의식하지 않는가의 차이 정도다.

당당함과 독특함으로 무장한 채 하고 싶은 것을 모두 하는 것이 잘 살아가는 모습이라고 여기는 이 시대에 엄마는 아이가 헷갈리지 않도록 그 의미를 제대로 알려줘야 한다. 당당함은 제멋대로 행동하는 것과는 다르며, 독특함은 보편적인 질서라는 토대 위에 자리해야 인정받을 수 있다는 사실을 말이다. 다른 사람에게 폐를 끼치지 않는 것은 알고 보면 나를 위한 안전장치다. 세상을 아름답게 살기 위해서는 다른 사람에게 폐를 끼치지 않는 것으로 시작해야 한다는 사실을 가르쳐야 한다. 어떻게 잘 가르칠 수 있을까? 다른 사람을 위해서가 아니라 나를 위한다는 생각으로 접근하면 자기중심적인 아이들에게 제대로 전달할 수 있다. "너라면…", "네가 그 사람이었다면…" 등 입장 바꿔 생각하는 말하기가 좋다.

오늘도 친구의 장난감을 빼앗은 아이에게 정확히 말해야 한다. 엄마 눈에는 '안 된다'라는 의지를 담고 아이 스스로 올바른 판단을 하리라 믿으며 "네가 그 친구였다면 어땠을까?"라고 묻는 것이다. 엄마는 단 한마디 말로도 내 아이를 괜찮은 사람, 아름다운 리더로 만들 수 있다. 개구쟁이 아이라면 "너 때문에 정말…"이라는 말 대신 살아 있는 교육의 기회라고 생각하고 이렇게 말하면 어떨까. "네가 먹는 밥에 누군가 물을 부었다면 네 마음이 어땠을까?" 하지만 엄마의 인내심을 시험하듯 같은 실수를 반복하는 아이에게 평정심을 유지하기란 쉽지 않다. 아이에게 역지사지易地思之의 마음을 연습시키는 시간이 필요하듯 엄마도 아이와 입장을 바꿔 생각하며 연습해야 한다.

아이의 실수에는 어떤 말을 해야 의미가 제대로 전달될까? 욱하고 분노가 치미는 상황에서 나오는 엄마의 말은 엄마와 아이 모두에게 상처가 되므로 엄마는 말습관을 제대로 들여야 한다. 평소에 거울을 보며 혹은 길을 걸으며 꾸준히 연습하면 실제 상황에서도 그 말이 습관처럼 나올 것이다.

"네가 그 사람이라면 어땠을까?"

아이에게 엄마의 입장까지 생각해보는 질문을 하면 금상첨화다.

"네가 엄마라면 그런 상황에서 너한테 어떻게 말했을까?"

Tip

아이의 사회성을 키우는 마법의 말, '만약에'

다른 사람과 입장을 바꿔 생각해볼 때는 '만약에'라는 말을 활용하면 좋다. '만약에'는 우리의 예상을 뛰어넘을 만큼 효과가 큰 말이다. 아이의 사회성은 물론 상상력, 예측 능력, 문제 해결력까지 발달시킬 수 있기 때문이다.

❶ 가족 관계에서 사용하는 '만약에'

- 형제자매끼리 다투거나 칭찬할 일이 있을 때
  "만약에 네가 동생이었다면 형에게 어떻게 했을까?"
  "만약에 동생이 고맙다고 한다면 언니인 너는 어떻게 대답할 수 있을까?"
- 엄마의 말을 듣지 않는 상황이 반복될 때
  "만약에 네가 엄마라면 이럴 때 너에게 어떤 말을 하면 좋겠다고 생각해?"
- 가족에게 편지를 쓸 때
  "만약에 네가 아빠라면 아들에게 어떤 말을 하고 싶은지 편지로 써볼까?"

❷ 친구 사이에 이해를 돕는 '만약에'

- 입장 바꿔 생각하기는 매사를 객관적으로 바라보고 자신의 감정에만 충실한 아이에게 매우 효과가 높다.
  "만약에 네가 그 친구였다면 그 상황에서 어떻게 했을 것 같아?"

❸ 사람의 마음을 움직이는 '만약에'

- 실제 일어날 것 같은 예상 가능한 상황, 혹은 아이가 자주 부딪치며 힘들어하는 상황 등을 '만약에'로 가정하고 말을 하면 도움이 된다.
  "만약에 친구에게 도움을 요청할 일이 생겼을 때 뭐라고 말하면 친구가 도와주고 싶은 마음이 생길까?"
  "만약에 네가 분명히 잘못을 저질렀다면 선생님에게 네 마음을 어떻게 표현할 수 있을까?"

❹ 경청의 중요성을 일깨우는 '만약에'

- 주위가 산만하거나 엄마의 말을 경청하지 않는 아이에게 효과가 있다.
  "만약에 네가 중요한 말을 한다면 친구가 어떤 태도로 들었으면 좋겠어?"
  "만약에 네가 엄마를 불렀을 때 엄마가 어떻게 하면 좋겠는지 자세히 말해줄래? 엄마가 그렇게 하도록 노력할게."

04 부정적인 의견까지 받아들이는 아이로 키우자

| 첫 번째 이야기

걔가 너무 싫어요. 걔는 제가 싫어하는 말만 해요. 앞에서 그러면 그래도 이해하겠는데요, 꼭 뒤에서 뒷담화만 해요. 제가 친한 친구한테만 골라서 그러는데 정말 속상해요. 하지만 그 친구에게도 좋은 점은 있어요. 공부도 열심히 하고 얼굴도 예쁜 편이에요.

| 두 번째 이야기

이번에는 정말 결심했어요. 그 애랑은 절대 안 놀 거예요. 이기적이고 자기만 아는 아이예요. 엄마도 걔랑 놀지 말라고 했는데 지금까지 제가 참고 있었던 거거든요.

두 아이 모두 친구로 인해 상처가 깊다. 아이들 세계에서 친구는 어른들의 생각보다 중요한 존재다. '친구 따라 강남 간다'라는 말이 있듯 아이는 친구와의 관계에 영향을 많이 받아 학교생활이 좌우되기도 한다. 특히 엄마라면 누구나 초등학교 2학년부터 아이의 친구 관계 및 사회성에 더 관심을 갖고 귀를 기울여야 한다. 내 아이가 좋은 친구들만 사귀고 또 주변에 그런 친구들만 있으면 얼마나 좋을까. 그런데 현실은 왕따, 언폭(언어폭력), 학폭(학교폭력) 등의 말이 난무하니 엄마로서는 노심초사, 아이의 친구 관계에 신경이 쓰인다. 엄마는 다음을 생각해봐야 한다.
'내 아이는 친구들에게 어떤 친구일까?'
'내 아이는 친구들에 대해 어떻게 생각하고 있을까?'

친구의 장점을 보는 눈을 키우는 엄마의 말습관

어느 강연에서 엄마들에게 3분 동안 아이의 장점을 써보자고 이야기했다. 평균 7개가 나왔다. 반대로 아이의 고칠 점 혹은 단점을 써보자고 했다. 이번에도 동일한 시간이 주어졌다. 평균 12개가 나왔다. 결과를 살펴보면 엄마들이 아이의 장점보다는 단점을 더 유심히 보는 것 같지만, 알고 보면 더 잘했으면 하는 점을 먼저 보고 더 잘했으면 하는 말을 많이 하는 것뿐이다. 엄마가 아이에게 "왜 이렇게 느려?"라고 말했다면 '빨리했으면 좋겠다'라는 의미일지도 모른다. 하지만 아이에게 '느리다'는 단점을 지적하는 말처럼 들린다. 혹시 이런 상황들이 복합적으로 작용해 아이에게도 단점을 우선적으로 지적하는 패턴이 형성된 것은 아닐까.

엄마의 평소 말습관이 아이에게 그대로 전달되어 흉보는 말을 보고 들은 아이는 흉보는 말을 배우고, 칭찬하는 말을 보고 들은 아이는 칭찬하는 말을 배운다. 엄마의 어떤 말습관이 아이의 친구 관계에도 좋은 영향을 미치고 사회성 발달에도 효과적일까? 칭찬도 습관이고 비난도 습관이라면 모두 아이가 자라면서 배운 것이다. 습관은 반복된 행동의 결과로서 후천적으로 형성된 것이다. 아이의 말을 들어보면 엄마가 그동안 아이에게 어떤 말을 했는지 보일 때가 많다.

입 모양을 가다듬고 말하는 자세가 칭찬의 기본이다. 누군가를 비난하는 사람을 살펴보면 어른이나 아이나 입 모양이 뒤틀리거나 비쭉거린다. 그뿐만 아니라 얼굴 전체가 일그러질 때도 많다. 반면 누군가를 칭찬하는 사람을 살펴보면 입가에 미소가 머금어져 있고 얼굴이 환하다. 칭찬을 듣는 상대방도 좋지만 칭찬하는 당사자가 더 행복하다. 내 아이가 친구들에게 칭찬받는 아이가 되면 좋겠지만 그보다 먼저 나서서 친구를 칭찬하는 아이라면 더 좋을 것이다. 그렇게 되려면 아이가 먼저 그런 경험을 해봐야 한다. 엄마로부터 단점만 듣고 자라면 아이의 정서가 왜곡되어 다른 사람도 삐딱하게 보기 쉽다. 삐딱한 시선을 가진 아이에게 친구의 장점이 보일 리 없다. 거울로 입 모양을 살피면서 아이의 장점을 말해보자. 그러면 이런 말을 할 이유가 점점 줄어든다.

"친구의 단점만 보면 돼? 장점을 봐야지."

물론 흠잡을 데 없는 말이지만 초등학교 저학년 이하의 아이들에게는 구체적이지 않다. 어떻게 말해야 아이에게 구체적으로 전달할 수 있을까?

부정적인 의견도 받아들이게 하는 엄마의 말습관

아이가 친구의 장점을 보는 습관을 들이도록 엄마가 말로써 보여주고 들려주면 된다. 하루 날을 잡아 작정하고 아이에게 친구의 단점을 털어놓고 말해보게 한다. '역지사지'의 마음을 경험하는, 신나는 흉보기 시간이다. "입장 바꿔 생각하면 그 친구를 이해할 수 있을 거야"라는 엄마다운 말도 필요하지만, "지금부터 엄마랑 네 친구 ○○ 흉보기 시간을 한번 가져볼까?" 하며 엄마답지 않은 제안으로 아이를 놀라게 할 수도 있다.

"엄마, 걔는 까다로워."

"엄마, 걔는 되게 잘난 척해."

이때 엄마가 놀라는 척을 하며 동감한다는 추임새도 넣어주고, "그런 친구가 네 옆에 있다니 놀라운 걸?"이라는 말도 하면서 아이가 카타르시스를 느끼게 하면 더욱 효과적이다. 그러면 마음이 정화된 아이가 자신의 친구에 대해 스스로 정리를 할 수 있게 된다. "그치? 나는 걔가 싫어"라고 할 수도 있고, "그래도 좋은 점이 더 많아"라고 할 수도 있다. 그때부터 "어떤 점이 좋은데?"라고 하면서 친구의 장점을 더 열심히 들어주면 된다. 여전히 친구의 단점으로 괴로워하는 아이라면 "그럼, 친구의 단점을 한번 써볼까?"라고 제안하는 것도 좋다. 그다음만 잊지 않으면 된다.

"이제 옆에 단점을 장점으로 바꿔 써볼까?"

놀랍게도 단점을 장점으로 바꿔 써보는 활동은 "친구에 대해 좋게 말해야지", "그런 친구와 지금까지 잘 지냈다니 기특하다", "앞으로도 잘 지내라" 등 엄마의 어떤 교훈 섞인 말보다 효과가 크다.

- 걔는 까다로워 → 주관이 뚜렷하다
- 걔는 나대는 것 같아 → 자기표현이 활발하다
- 걔는 으스대기만 해 → 자신감이 넘친다
- 걔는 잔머리를 굴려 → 재치가 있다

아이로 하여금 친구에 대한 자부심을 갖게 해야 한다. 유유상종類類相從이라는데, 아이의 친구가 형편없다면 도대체 우리 아이는 어떤 상황일까. 아이가 친구에 대한 자부심을 회복할 수 있도록 기회를 줘야 한다. 교훈의 말은 생략해도 괜찮다. 아이가 스스로 정리하도록 기회를 만들어주는 것만으로도 엄마의 말은 충분하다.

이제 중요한 순서가 남았다. 평소 아이가 스스로에 대해 자부심을 가져야 아이도 친구를 긍정적으로 바라본다. 스스로에 대해 의기소침하고 부정적인 아이가 친구를 관대하게 받아들이기란 어렵다. 왜곡된 자기 정서를 가진 아이한테는 아무리 "친구의 장점을 봐야지"라고 반복해서 말해봤자 소용이 없다. 친구의 장점을 먼저 보고 배우라는 엄마의 말이 효과를 발휘하려면 아이의 장점을 찾아내는 엄마의 말습관이 선행되어야 한다.

아이의 단점을 장점으로 바꿔 사회성을 키우는 엄마 말의 마법

엄마들이 작성한 아이의 단점 목록을 보면 바로 장점으로 대체할 말이 떠오른다.

- 고집이 세다 → 자기주장이 있다
- 게으르다 → 느긋하다, 초조해하지 않는다
- 만사태평이다 → 대범하다, 멘탈이 강하다

- 산만하다 → 관심과 호기심이 많다
- 덜렁댄다 → 호기심이 많다, 실행력이 강하다
- 내향적이다 → 진지하다, 생각이 깊다
- 사교성이 부족하다 → 자기 세계에 충실하다
- 소극적이다 → 생각이 깊다, 신중하다
- 말수가 적다 → 생각을 많이 한다, 말실수가 적다
- 욕심이 많다 → 도전 정신이 있다, 끝까지 한다
- 지기 싫어한다 → 적극적이다, 노력한다, 경쟁을 피하지 않는다
- 잔소리를 하게 한다 → 주관이 뚜렷하다, 휘둘리지 않는다

정답이 없는 대체 말이지만 같은 상황도 엄마의 표현에 따라 "나는 그저 그런 아이"라는 자포자기의 말이 될 수도 있고, "나는 이런 사람이야"라는 현실 파악의 말이 될 수도 있으며, "그런 사람이 되어야지"라는 희망의 말이 될 수도 있다. 단정을 짓고 낙인을 찍는 말은 아무런 도움이 되지 않는다. 사실 '관점을 바꿔 표현하기'는 단시간에 이뤄지기가 어렵다. 부정적인 말이 먼저 튀어나오려는 엄마의 말습관을 고치기 위해서는 자꾸 연습해서 입에 붙게 해야 한다. 엄마도 아이처럼 연습해야 한다. 아이가 노력하면 엄마는 흐뭇하다. 아이도 마찬가지다. 엄마가 말을 잘하기 위해 노력하는 모습을 보이면 아이도 엄마를 더 존중하고 사랑할 것이다. 노력한 만큼 결과를 얻는 것이 엄마의 말이다. 아이의 기질과 성격은 단시간에 절대 바꿀 수 없지만, 엄마의

말은 그러한 기질과 성격을 장점으로 승화시킬 수 있다.

사회성은 아이의 인생에 여러 가지 형태로 개입한다. 아이의 사회성을 이루는 요소 중 친구 관계는 굉장히 중요하다. 아직 인격적으로 미성숙한 어린 시기에는 친구의 장점보다는 단점이 먼저 보일 수 있다. 게다가 샘이 많고 공부나 외모에 관심이 높은 경우라면 친구의 평범한 한마디에도 예민해질 수 있다. 아이가 "엄마, 내 친구 ○○ 있지? 걔가 나한테 이기적이래"라고 울먹이면서 들어온다면 '바로 지금이 사회성 키우기 시간'이라는 마음가짐으로 대하면 된다.

"속상했겠다. 걔는 왜 그런 말을 해서 우리 딸을 울렸을까?"

이때 '이기적'이라는 말은 가급적 다시 언급하지 말고 다른 말로 대치하는 편이 좋다. 이기적이라는 말로 이미 속상한 아이가 그 말을 반복해서 들으면 더 속상할 수 있기 때문이다. '이기적=그런 말' 정도로 받아주며 "왜 그런 말을 했을까?"로 아이 스스로를 돌아보게 한다.

"걔가 나만 안대."

"그랬어? 우리 딸이 자기 자신을 야무지게 챙기나보네" 하며 아이가 스스로를 잘 돌보고 챙긴다는 사실을 일깨운 다음, 그럼에도 아이가 이기적이라는 말을 들었을 단서를 살짝 들춰주면 된다. 어디까지나 아이의 말을 들어주고 상황에 알맞은 맞장구도 쳐주면서 올바른 방향으로 이끌어야 한다.

"어떤 상황에서 그런 말을 했어? 앞으로 ○○가 그런 말을 안 하게 할 수 있어?"

"없어. 걔는 그런 말을 잘하는 애야."

"○○를 바꿀 수 없다면, 네가 그런 말을 안 들을 방법은 없을까?"

아이의 친구가 정말 이상해서 일방적으로 아이를 폄하할 수도 있지만 엄마는 내 아이를 잘 안다. 아이가 스스로를 잘 돌아보고 행동하는 것은 사회성 발달에 매우 중요한 부분이다. 자신과 더불어 다른 사람까지 돌볼 수 있는 마음, 배려, 협동 등이 바로 그런 항목이다. 속상한 말을 들어서 힘들더라도 이로 말미암아 자신을 돌아보는 시간을 갖는다면 아이는 훨씬 깊게 자신을 성찰할 수 있다. 만약 아이가 친구로부터 억울한 말을 들어 위로해야 할 상황이라도 엄마는 친구를 깎아내려서는 안 된다. 때로는 억울한 말을 들을 수도 있고, 오해를 받을 수도 있지만, 아이가 원인을 제공했다면 비 온 후 땅이 굳어지는 효과를 얻을 수 있다. 사회성은 아이가 세상을 살아가는 데 필요한 정신적인 종잣돈이다. 엄마가 말로써 두둑하게 채워줘야 한다.

"친구의 부정적인 의견도 받아들이는 우리 딸을 보니 엄마 마음이 든든해. 역시 아무지네. 이번 일로 우리 딸이 더 성숙해졌을 거야."

Tip

아이의 사회성을 키우는 엄마의 말과 행동

❶ 아이의 실수와 실패에 의연하게 대처한다

- 누구나 실수할 수 있다: 아이가 잘못했을 때 바로 지적하지 않는다. 잘못을 통해 하나라도 배우면 된다.
- 누구나 실패할 수 있다: 실패했다는 것은 시도했다는 것이다. 아이의 시도를 격려한다.

❷ 당연하게 할 일은 단순하게 지시한다

- 청유형이 최선이 아닐 때가 있다.
  "세수하는 게 좋지 않겠니?" (×)
  "얼른 세수해." (○)
- 선택이 아이를 함정에 빠뜨린다. "~하면 ~해줄게" 식의 말은 지양한다.
  "숙제 다 하면 게임하게 해줄게." (×) → 자칫하다가는 '숙제도 안 하고 게임도 안 하면 되지 뭐'라는 사고를 키운다. 이것은 선택의 문제가 아니다.
- 어떤 일에 대해서는 선택의 여지조차 없다는 사실을 알려준다.
  "어서 숙제해." (○)

❸ 넘어가기가 아이를 키운다

- 안 본 척도 좋고 봤어도 넘어간다. 아이의 부정적인 행동은 '이래도 관심 안 가질 거예요?' 하는 심리의 결정체다. 예를 들어 밥을 먹여달라고 떼를 부리거나 끼적대고 있다면 "너, 밥 끼적거리면서 먹지 마"라는 말 대신 가족이 다 먹고 나서 조용히 식탁을 치운다.

❹ 엄마가 친구처럼 행동하지 않는다

- 버릇없는 아이 옆에 친구처럼 행동하는 엄마가 있는 법이다. 엄마는 아이의 친구가 아니다. 아이에게 친구는 이미 있다. 엄마가 필요할 뿐이다.
- 아이도 누울 자리를 보고 다리를 뻗는다. 엄마가 기준을 바로 세워야 한다.
- 엄마와 아이 사이에는 일정선이 있어야 한다. "엄마, 맞아볼래?"라고 말하는 아이에게 머리를 대줘서는 안 된다. 아무리 귀여워도 허용선과 금지선이 있다는 사실을 알려주는 것이 사회성의 발달 과정에서 반드시 필요하다.
- 아이의 버릇은 아이의 인격으로 연결된다. 아이를 사랑한다면 아이에게 끌려가지 말고 아이를 이끌어줘야 한다.

05 아이를 충분히 관찰하고 친구를 권유하자

딸아이가 어렸을 때부터 유난히 낯가림이 심하고 호불호가 뚜렷해서 인지 친구를 가려 사귀어요. 며칠 전에는 친구가 자기를 배신했다며 통곡하듯 울더라고요. 그래서 할머니가 달랬는데, 계속 너무 심하게 울어서 달래다 못해 부모가 죽어도 그렇게는 안 울겠다고 했다가 오히려 더 악을 쓰는 바람에 온 집안이 살얼음판이었어요. 어릴 때 할머니가 키워서 할머니 말이라면 그래도 잘 듣는 아이가 친구한테 얼마나 상처를 받았으면 그러나 싶어서 정말 속상하더라고요. 다른 엄마들은 나쁜 친구를 사귈까 봐 친구를 가려서 사귀었으면 한다는데, 저는 우리 애가 친구를 너무 가려 사귀다 보니 제발 이런 친구 저런 친구 좀 많이 사귀었으면 하는 바람이에요.

아이의 친구 관계를 다각도로 살펴본다

대부분의 엄마들은 아이 친구에 대한 걱정이 이래저래 많다. 친구를 잘 사귀면 그 가운데 나쁜 친구가 섞여 있지는 않을까, 친구를 지나치게 가려 사귀면 관계 폭이 너무 좁아 외롭지는 않을까 등 걱정을 안고 산다. 특정한 몇몇 친구를 사귀는 아이의 경우 친구의 수가 별로 많지 않다. 하지만 그렇다고 사회성에 문제가 있는 것은 아니다. 단 한 명의 친구라도 마음이 통하고 아이와 잘 맞는다면, 또 닮고 싶은 이상형의 친구를 사귀며 만족한다면 크게 걱정할 필요가 없다. 오히려 엄마가 관심을 가져야 할 문제는 아이의 친구 수가 아니라 아이의 친구에 대한 집착 정도다.

편중적으로 친구를 사귀는 아이들을 살펴보면 자기 고집으로 친구를 고르고 사귀다가 거부당하기도 한다. 친구의 행동에 지나치게 간섭하고 다른 친구들과 놀지 못하게 하는 등 친구를 소유하려 하고 집착하기 때문이다. '난 너밖에 없는데 왜 너는 다른 애하고 노니?' 이런 심리를 친구에게 투사하는 것이다. 연인이라고 해도 숨이 막히는 소유욕은 또래 친구가 감당하기에는 너무 버겁다. 그러다 친구가 떠나면 아이는 '친구가 자기를 배신했다'고 생각한다. 그리고 친구를 사귀는 데 더 큰 두려움을 갖게 된다.

엄마는 이런 아이를 걱정하고 탓하기보다는 적절한 도움을 줘야 한다. 그러기 위해서는 아이의 어린 시절을 되짚어볼 필요가 있다. 영아기 애착 발달 시기에 부모가 충분히 함께하지 못했거나 양육자가 자주 바뀌는 환경으로 인해 애착 형성에 문제가 생겨 이와 같은 일이 발생할 수 있기 때문이다. 불안정 애착은 불안한 마음과 믿지 못하는 마음으로 나타난다. 아이는 학습된 불안한 경험을 친구를 향해서 가동시킨다. '날 떠날지도 몰라'라는 두려움과 사람을 믿지 못하는 마음을 친구 관계에 적용시킨다. '떠나지 못하게 해야지' 하며 아이 딴에는 곁에 두고 싶어 잘하려고 한 행동들이 상대방에게는 소유욕과 집착으로 느껴진다. 불안한 마음에 의심하고, 삐치고, 소유하고, 집착하면서 친구를 가두려고 하니 친구 입장에서는 이상한 아이라고 생각해 떠나게 된다. 아이는 거부당하며 또 다른 상처를 받는다. 아이의 표현대로 배신감을 느낀다. 악순환이 거듭되는 것이다.

엄마는 먼저 아이의 상처를 치료해줘야 한다. 엄마만이 할 수 있는 일이다. 근본적인 해결 없이 아이한테 "친구들과 잘 지내야지"라고 하는 것은 전혀 도움이 되지 않는다. 특정 친구에게 집착하는 아이 중에는 애정에 대한 욕구가 크고, 이것이 충족되지 않아 소유하려는 경향으로 나타나는 경우가 있기 때문에 먼저 엄마의 사랑을 충분히 느끼도록 해줘야 한다. 우선 아이가 좋아하는 것에 관심을 갖고 함께하면서 시간과 추억을 공유한다. 마음 밑바닥부터 채워주면 아이의 '정서 곳간'이 어느 순간 가득 차 여러 친구들을 받아들이는 여유가 생기게 된다. 마음이 가난한 아이는 늘 허기진 정서가 있어 친구로부터 채우려 하고 소유하려는 마음으로 나타나 친구 관계를 성공적으로 맺지 못한다. 친구가 채워주기엔 친구 또한 또래일 뿐 아직 충분히 성숙하지 못하다. 친구는 세상을 살아가는 힘이다. 친구 관계가 성공적이지 못하면 아이는 점점 더 인간관계 맺기를 두려워하게 될 수도 있다.

엄마는 아이의 성격을 잘 살펴 도움을 줘야 한다. 아이마다 성격이 다른데 무조건 '친구는 많을수록 좋다'라는 편견으로 아이에게 친구를 권하면 오히려 부작용만 생긴다. 내성적인 성격이라 사람과의 관계에서 소극적인 성향을 보이며 새로운 친구 사귀기를 두려워하는 아이들이 있다. 이런 아이에게 새로운 친구, 많은 친구들을 사귀라고 하는 건 그 자체가 부담이 될 수 있다. 한 명을 사귀더라도 깊이 있게 사귀는 중이라는 사실을 인정해주는 게 가장 중요하다. 아이가 적은 수의 친구를 사귀는 것에 대해 그 원인이 아이의 성격적 결함인 양 말하지만 않아도 최소한의 장치가 된다. 엄마가 무심코 하는 말이 아이의 사회성을 떨어뜨리는 법이다.

엄마의 말 한마디가 아이의 친구 관계에 영향을 미친다

여러 면으로 살펴 아이의 친구 관계에 도움이 필요하다고 생각되면 엄마가 자연스럽게 나서는 게 좋다. 아이가 기관에 다닌다면 어린이

집이나 유치원 선생님에게 도움을 청하는 것도 하나의 방법이다. 선생님이 다양한 영역에서 아이가 친구들과 놀이를 할 수 있도록 이끌어주면 큰 도움이 된다. 초등학교에 다닌다면 선생님과 문제를 상담한 다음에 짝을 바꿔 활동할 기회를 주는 건 어떠냐고 제안해도 좋다. 그러면 아이는 자연스럽게 다른 친구와 놀거나 대화하는 경험을 할 수 있게 된다.

아이의 생일에 친구를 초대하는 방법도 있다. 아이와 함께 초대하고 싶은 친구의 명단을 작성하고 초대장을 만들면서 어떤 놀이를 할 것인지 계획한다. 이때 아이의 친구에 대해 자연스럽게 이야기도 꺼내본다.

"지수는 어떤 친구야?"

"규영이도 초대하는구나. 지난번에 말했던 친구가 규영이 맞아?"

아이가 엄마의 관심만큼 반응하지 않고 "몰라", "글쎄"라고 대답하더라도 실망할 필요는 없다. 어떤 사람에 대해 바로 말하기란 쉽지 않은데다 아이에게도 생각할 시간이 필요하기 때문이다. 엄마가 아이 친구들의 이름을 불러주고 아이가 친구들에 대해 생각해보는 계기를 만들어준 것만으로도 충분하다. 또 다른 방법은 비슷한 또래가 있는 가족 모임이나 친척 행사에 아이와 함께 참석하는 것이다. 그러면 아이는 또래나 새로운 사람과 보내는 시간이 즐거울 수 있다는 경험을 하게 될 것이다. 물론 지나친 기대는 금물이다. 엄마는 단지 아이에게 기회를 줄 뿐이다.

'이 정도면 아이들과 알아서 잘 사귀겠지?' 하는 엄마의 속마음을 비우자. 엄마의 마음속에 각본이 있으면 아이가 그대로 움직이길 바라고, 그렇게 하지 않으면 부지불식간에 아이에게 실망을 내비치게 된다. '내가 이렇게까지 노력하는데 왜 소극적이지?'라는 생각까지 든다. 그러다 보면 아이를 주눅 들게 하는 말을 할 수도 있다.

"친구들이 많은데 왜 어울리지 않는 거야?"

"쟤들 좀 봐. 재밌게 놀잖아. 너도 껴서 놀아."

"혼자만 놀지 말고 같이 좀 놀아. 참 유난스러워."

엄마 딴에는 권유라고 생각해도 아이에게는 다그치는 말로 들리니 삼가야 한다. 친구 사귀기에 신중한 아이는 말 한마디도 신중하게 받아들인다. 친구들과 함께 어울려서 노는 것보다 친구들이 노는 모습을 보는 것만으로도 즐거워하는 아이도 있다. 그런 아이에게 친구들과 왜 어울리지 않느냐고 묻기보다는 아이가 친구들이 어울려 노는 모습을 탐색 중이라고 여기는 편이 현명하다. 아이가 친구 문제로 속상해할 때도 "걔랑 놀지 말랬잖아"라고 친구를 폄하하는 말을 하지 않도록 주의해야 한다. 아이가 친구 사귀기에 소극적이더라도 다그치지 말고, 아이가 친구 이야기를 꺼낼 때 이렇게 말해보는 건 어떨까.

"네 곁에 좋은 친구가 있어 엄마도 좋아."

"지수는 좋겠다. 우리 딸 같은 친구가 있으니까."

Tip

아이의 사회성 발달을 위해 피해야 할 엄마의 말

아이의 사회성이 걱정될수록 아래와 같은 말을 삼가야 한다. 아이의 사회성이 싹트고 자라나는 데 해만 될 뿐이다.

❶ 사회성 부족을 아이의 성격적 결함으로 몰아가는 말

- "성격이 그래서 어떻게 사람들이랑 어울릴까? 걱정이다."

❷ 매사를 친구 사귀기와 연결하는 말

- "네가 그러니까 친구가 없지."
- "그렇게 예민해서 누가 옆에 있어주겠니?"

❸ 문제가 생길 때마다 아이의 친구를 탓하는 말

- "그런 친구 사귀지 마."

Chapter 4

아이의 문제 해결력을 높이는 엄마의 말습관

아이들은 항상 문제에 부딪친다. '문제'는 아이들에게 '문제 해결'을 배우는 좋은 계기가 된다. 엄마는 아이에게 문제가 생기기 전에 미리 생각해보거나 문제가 생겼을 때 그것을 통해 문제 해결력을 키워줘야 하는 임무를 안고 있다. 물론 문제가 생기지 않으면 더 좋겠지만 그럴 수 없다는 사실을 잘 안다. 아이에게 문제가 생겼을 때 엄마는 어떻게 해야 할까? 문제를 문제로만 보면 화를 내고 소리치게 된다. 세상은 수많은 문제를 해결하면서 살아가야 하는 곳이다. 문제가 생겼다는 것은 그 문제로 말미암아 아이의 삶을 품격 있게 해줄 기회이기도 하다. 엄마는 화내지 않고 소리치지 않고 엄마의 말로써 아이의 문제 해결력을 키워줄 수 있다.

01 문제를 통해 문제 해결력을 키우자

ㅣ첫 번째 이야기

미끄럼틀로 뛰어올라가던 준서가 때마침 내려오던 지민이와 부딪쳤다. 모랫바닥에 엉덩방아를 찧은 준서. 이어서 지민이도 쿵 부딪쳤다. 준서가 갑자기 벌떡 일어나더니 지민이를 발로 찼다. 지민이는 즐겁게 타던 미끄럼틀에서 부딪치고 차였다. 모두 준서 때문에 일어난 일이었다. 당연히 준서가 "지민아, 미안해"라고 해야 하는데 오히려 "야, 너 때문에 넘어졌잖아"라고 큰소리를 쳤다.

ㅣ두 번째 이야기

친구를 초대해서 재미있게 노나 했더니 잠시 후에 초대받은 친구가 울면서 나온다. 얼굴에 상처가 났다. 초대한 아이 역시 울먹인 채로 나오면서 말한다.

"쟤가 내 장난감 가져가서 안 주잖아."

두 엄마는 동시에 각자의 아이를 달래고 혼낸다.

"왜 친구를 할퀴어? 왜 그렇게 못됐니? 같이 갖고 놀아야지. 친구랑 같이 놀려고 초대한 거잖아. 그럼 양보해야지. 너 이따가 혼날 줄 알아."

"왜 친구 장난감을 빼앗고 그래. 친구 거니까 허락받았어야지."

아이들은 각자 울면서 자기 이야기를 하지만 엄마들은 해결책을 내놓느라 바쁘다.

"네가 먼저 사과해."

아이의 욕구와 "어떻게 할까요?"라는 가르침 사이

"친구가 내 장난감을 같이 갖고 놀자고 해요. 어떻게 할까요?"

"친구 장난감을 갖고 놀고 싶어요. 어떻게 할까요?"

유치원 교실에서 선생님이 각각의 상황이 담긴 그림 자료를 보며 아이들과 이야기 나누기를 하고 있다. 아이들은 저마다 대답하고 싶어 손을 번쩍번쩍 든다.

"우리 성운이 말해볼까요?"

앞에 나온 성운이가 자신 있게 말한다.

"그래, 친구야. 사이좋게 같이 놀자. 그래요."

"어머, 우리 성운이는 친구가 장난감을 같이 갖고 놀자고 할 때 '그래, 사이좋게 같이 놀자'라고 하는구나. 우리 성운이 생각 주머니가 정말 크네요. 우리 성운이, 칭찬해줄까요?"

아이들은 박수를 보낸다. 아이들은 저마다 '사이좋게', '양보' 등을 말했다. 유치원 만 3세 반의 문제 해결력 수업이다. 5살 아이들도 친구와 사이좋게 노는 방법을 제대로 알고 있다. 그런데 막상 실제 상황이 되면 그렇게 하지 못한다. 왜 그럴까? 욕구가 생기기 때문이다.

유아기는 욕구가 모든 것을 압도하는 시기다. 욕구 앞에서는 예측이 힘들다. '저걸 갖고 싶다'라는 욕구가 생기면 '저건 친구 거니까 물어본 다음에 달라고 해야지'라고 앞뒤를 헤아릴 여지가 없다. 그냥 갖고 싶어서 빼앗는다. 빼앗긴 아이는 성격에 따라 다르게 반응한다. 빼앗기지 않으려고 장난감을 꽉 움켜쥐는 아이가 있는가 하면, 빼앗으려는 아이를 공격하는 아이도 있다. 아이들 간의 다툼이 생각보다 빈번하기 때문에 선생님들은 자유선택활동 시간에 각 영역별로 신경을 각별히 써야 한다. 선생님들은 양보와 배려라는 고차원적인 도덕을 가르치기 위해 "양보해야 해요. 배려해야 해요"라는 말과 더불어 "이럴 때(미끄럼틀을 탈 때, 그네를 탈 때, 교실 안에 있을 때 등)는 어떻게 할까요?"라고 다양한 문제 상황을 제시하며 반복해서 가르친다.

'문제'는 아이들에게 '문제 해결'을 배우게 하는 좋은 계기가 된다.

그래서 예측할 수 있는 문제에 대해 미리 생각해보는 교육은 매우 중요하다. 그래도 문제는 생긴다. 이럴 때는 어떤 말이 좋을까? "우리 그러지 않기로 했죠. 사과해요"라는 말이 좋을까? 이 말을 들으면 자신이 잘못했어도 왠지 추궁당하는 것만 같다. 가르침보다 비난이 먼저 전달되면 아이의 기분은 당연히 나빠진다. 그러면 문제 해결로 접근할 수가 없다. 문제가 생기지 않도록 교육하는 것도 중요하지만, 엄마는 문제가 생겼을 때 그것을 통해 아이에게 문제 해결력을 키워줘야 한다. 문제가 생기지 않으면 더 좋겠지만 그럴 수 없다는 것을 엄마는 잘 안다.

문제가 생겼을 때 엄마는 어떻게 해야 할까? 문제를 문제로만 보면 화를 내고 소리치게 된다. 세상은 수많은 문제를 해결하면서 살아가야 하는 곳이다. 그러므로 문제가 생겼다는 것은 그 문제로 말미암아 아이의 삶을 품격 있게 해줄 기회이기도 하다. 엄마는 화내지 않고 소리치지 않고 아이의 문제 해결력을 키워줄 수 있다.

문제 해결력을 키우는 절호의 기회

"야, 너 때문에 넘어졌잖아."

엄마가 볼 때도 아무리 내 아이지만 우기기 대장처럼 느껴진다.

"야, 왜 나 때문에 넘어져? 네가 거꾸로 올라가서 그런 거잖아."

아이는 자기가 원인을 제공한 일은 생각조차 하지 않고 친구 때문에 넘어진 현재 상황이 억울해 "아냐. 쟤 때문에 넘어졌다구"를 반복하면서 우긴다. 이때 엄마는 문제를 잘 살펴야 한다. 왜 우기는지를 문제 삼으면 안 된다. 아이는 문제를 정확하게 직시하지 못할 수 있다. 철저히 자기 입장에서만 생각하기 때문이다. 엄마가 정확하게 문제 상황을 아이의 입장에서 알아듣도록 이야기해야 한다. 첫 번째 이야기의 문제를 살펴보면 다음과 같다.

- **문제 ❶** 미끄럼틀을 타고 내려오는 곳으로 올라간 문제
- **문제 ❷** 미끄럼틀을 타고 내려오는 친구와 부딪친 문제
- **문제 ❸** 오히려 잘못이 없는 친구를 발로 걷어찬 문제

모든 문제를 아이와 함께 짚고 넘어가야 한다. 그렇게 하지 않고 "너 때문이잖아. 얼른 사과해"라고만 한다면 자신도 넘어져 아픈 아이가 순순히 사과할 리 없다. "너, 이따가 집에 가서 보자. 혼날 줄 알아"라는 말은 아이를 더 악쓰게 한다. 문제는 가려진 채 혼내고 혼나는 상황만 이어질 뿐이다. 이런 상황에서 대부분의 엄마들은 얼른 문제를 수습할 생각에 아이 친구에게 대신 사과를 한다. 내 아이는 '이따가 혼내면' 되지만 아이 친구에게는 '지금 사과하는' 것이 문제를 해결하는 방법이라고 생각하기 때문이다. 엄마는 아이에게 '실수를 할 수도 있

지만 그 부분에 대해 바로 인정하고 사과해야 한다'라는 나름의 문제 해결력을 보여주고 싶은 마음도 있다.

(아이 친구에게 다가가 최대한 친절하게) "아줌마가 대신 사과할게. 미안해."

아이는 자기가 만든 문제를 통해 무엇을 배웠을까? 자기 문제는 자기가 해결해야 한다는 것쯤은 유아기 아이라도 당연히 배워야 한다. 그러고 나서 엄마는 아이를 어떻게 혼냈을까? 일을 수습하고 집으로 돌아오는 길에 엄마는 화가 풀렸다. 상황은 종료되었고 내 아이에게는 아무런 문제가 없다. 그래도 엄마는 아이를 교육해야 한다는 생각에 한마디를 건넨다.

"미끄럼틀은 거꾸로 올라가면 안 되는 거야. 위험해."

"응."

"우리 아들 최고네. 엄마 말을 이렇게 잘 들으면서 아까는 왜 그랬을까?"

얼핏 보면 민주적인 양육의 전형처럼 보인다. 화내지 않고 훈육을 했다. 하지만 아이가 "응"이라고 대답한 것은 사실 칭찬받을 만한 일이 아니다. 오히려 몇 가지 문제를 더 만들었다.

첫 번째, 아이는 무엇이 문제인지, 무엇을 잘못했는지 모른다. 아이는 욕구대로 움직였고, 그것은 당연하기에 여전히 친구가 잘못했다고 느낀다. 자신이 발로 찬 행동은 친구가 먼저 잘못했으니까 정당하다고 생각할 수도 있다.

두 번째, 엄마는 "이따가 혼낸다"라고 말했지만 그 사이에 기분이 풀려 별 문제가 없다는 사실을 증명해준 셈이 되었다. 아마도 아이는 문제 상황은 시간이 지나면 없어지니 그 순간만 피하면 된다는 요령을 배웠을지도 모른다. 문제 현장에서 문제를 파악하고 해결해야 한다. 문제 해결력을 키우려면 먼저 문제를 파악해야 한다. 문제가 무엇인지 모르면 해결할 수 없다.

세 번째, 문제를 깔끔하게 해결하지 못했기 때문에 아이는 문제 행동을 반복할 수 있다. 아이들은 시행착오를 통해 배우고 성장한다. 하지만 문제를 파악조차 하지 않거나 덮어두면 문제 해결력을 키우기는 커녕 다른 문제만을 만들 뿐이다.

미끄럼틀을 거꾸로 올라간 행동은 확실히 문제이며, 이로 인해 발생한 일에 대해서는 반드시 해결해야 한다. 자신이 부주의하고 규칙을 어긴 문제 때문에 친구가 다쳤다면 잘못을 인정하고, 사과하며, 치료해줘야 한다. 이것이 진정한 문제 해결이다. 문제 해결력은 엄마가 문제를 대신 수습해주는 것으로는 절대 키워지지 않는다. 아이는 문제를 일으키고 뒷수습은 엄마가 대신해주는 나쁜 버릇만이 길러질 뿐이다. 어린 시절부터 아이는 문제를 정면에서 대하도록 노력해야 한다. 이런 과정을 경험해본 아이만이 어떤 문제라도 회피하지 않고 정면 승부할 수 있다.

문제를 대하는 현명한 엄마의 말과 태도

두 번째 이야기, 장난감을 빼앗긴 아이가 친구를 할퀴었다. 친구한테 피가 나자 아이는 덜컥 겁이 났다. 엄마는 아이를 애써 외면한 채 친구에게만 관심을 보였다.

"아줌마가 미안해. 이따가 혼내줄게."

손님이 있으니 아이를 혼낼 수 없어 한 말일 것이다. 이따 혼낸다는 말을 들은 아이는 더 겁이 나고 화가 난다. 모두 친구 탓이라는 생각이 들어 "야, 너 집에 가"라고 했다. 아이의 속마음을 모른 채 더 민망해진 엄마는 "너 친구한테 어디 가래?" 하고 아이를 혼냈다.

엄마와 아이가 단둘이 있을 때와는 다른 상황이다. 아이의 자존심을 건드리지 않으면서 접근해야 하고, 잘못한 문제도 짚어야 하며, 해결까지 해야 한다. 먼저 다친 아이의 상태를 살펴보고 응급 치료가 필요하다면 그것이 가장 먼저다. "쟤 때문에…", "친구가 장난감을 먼저 빼앗아서…"라고 아이는 나름대로 상황을 설명할 것이다. 이때 "조용히 해. 뭘 잘했다고……"라는 말 대신 "기다려. 친구부터 치료하고 들을 거야"라고 하면서 다친 아이에게 집중해야 한다. 그래도 이 말만큼은 꼭 해야 한다. "친구를 할퀴면 절대 안 돼." 응급 상황 등 아이가 혼자 해결하기 어려운 문제라면 엄마가 당연히 도와줘야 한다. 하지만 물리적인 부분은 도움을 주되, 아이가 문제와 직접 대면하게 해야 한다. 그래야 확실히 배운다. 엄마가 대신 해결(사과)할 일이 아니다.

아이가 공격적인 행동을 보일 때 "어디에다 던지는 거야? 다치면 어떡하라고!"라고 큰소리로 혼내기보다는 "던지면 안 돼"라고 단호하게 말한 다음 "뭐가 마음에 안 들어?"라고 물어봐야 한다. 응석을 받아주는 것과는 다르다. 이유를 알아주는 것이다. 아이는 문제가 생겼을 때 말로 표현하는 데 미숙하다. 엄마가 동생이랑만 놀고 자신의 말을 안 듣는다고 생각해 엄마에게 나 좀 봐달라는 의도로 물건을 던지는 경우라면 아이다운 발상이다. 하지만 이유가 있다고 폭력이 정당화되지는 않는다.

"뭐가 마음에 안 들어? 왜 그런 거야?"

엄마는 아이가 생각하는 원인과 이유를 들어줘야 한다. 아무리 잘못했어도 충분히 들어봐야 한다. 그래야 아이가 억울하지 않다. "못됐어"라는 말은 무엇이 못된 행동인지 정확히 가르쳐주지 못하는 엄마의 한탄일 뿐이다. 가르치려면 확실히 가르쳐야 한다. 아이의 문제 행동이야말로 문제 해결력을 키우는 계기라고 여기면 그 행동에 대해 엄마가 화내지 않을 수 있다. 엄마가 화를 내면 문제는 사라지고 화를 내는 상황만 남을 뿐이다.

문제가 발생하면 아이들은 다양한 방법으로 표현한다. 조용히 말로 하면 좋으련만 악을 쓰며 운다. "어떤 게 안 되니?" 하며 안타까운 마음을 알아주는 엄마의 말과 "뚝 그쳐. 조용히 해. 울면 해결돼?" 하며 나무라는 엄마의 말 중에 어느 쪽이 아이로 하여금 문제를 되돌아보게 할까? 만약 엄마가 아이의 마음을 알아줬는데도 여전히 운다면 그 상태에서는 어떤 말도 제대로 전달되지 않을 수 있다. 그럴 때는 엄마의 짧은 말이 문제 해결에 도움이 된다.

"울음 그칠 때까지 엄마가 기다릴게."

그다음에는 정말 기다려야 한다. 말을 시키지 않고, 자리도 이동하지 말고, 아이의 울음이 그치길 기다렸다가 아이가 안정되면 반드시 짚고 넘어가야 한다. 아이가 만든 문제에 대해 공감과 위로만 하면 미해결로 남는다. 엄마는 아이의 문제 행동을 통해 문제 해결력을 높일 기회를 놓쳐서는 안 된다. 여기서 중요한 것은 문제를 바라보는 엄마의 안목이다. 폭력 문제를 대하는 훈육의 말과 문제 해결에 도움을 주는 엄마의 말은 달라야 한다는 의미다.

아이의 문제 해결력을 키우는 엄마의 말

❶ 문제 예방도 문제 해결력이다

- 평소 문제가 생기기 전에 아이에게 상세히 알려준다. 아이로 하여금 생각을 말하도록 발문하는 것이 좋다.
  "미끄럼틀을 탈 때는 어디로 올라가야 하지?"
  "계단으로요."
  "그래. 그러면 재미있고 안전하게 놀 수 있겠구나."

❷ 문제에 대한 신속한 언급은 문제 해결력 발달에 도움이 된다

- 만약 아이가 엄마와 했던 약속을 잊은 채 마음대로 행동한다면 왜 그러면 안 되는지 규칙을 정확히 알려주는 엄마의 말이 필요하다. 문제가 생기려고 할 때 그것에 대한 신속한 언급은 문제 해결력을 키우는 데 도움이 된다.
  "미끄럼틀을 타고 내려오는 곳으로 올라가면 안 되는 거야. 이건 규칙이야. 너도 위험하고 친구도 위험해. 내려오는 친구와 부딪치면 다칠 수 있거든. 그래서 규칙을 정한 거야. 꼭 따라야 해."

❸ 문제 상황이 발생하면 짧게 말한다

- 문제가 발생했을 때 아이를 존중한다는 취지로 아이의 생각을 묻는다면 문제의 본질만 흐려질 뿐이다. 아이 또한 이미 문제가 벌어져 당황하고 있기 때문에 '대화'보다는 '전달'에 초점을 맞추는 편이 좋다.
  "미끄럼틀은 거꾸로 올라가면 안 돼."

02 어떤 문제든지 해결할 수 있다는 사실을 알려주자

문제는 왜 있을까? 문제가 없는 세상에서 살고 싶은데, 나에게는 너무나도 많은 문제들이 끊임없이 일어난다. '이래도 화 안 낼래?', '이래도 참을 수 있어?'라고 하는 것 같다. 어떤 때는 시험에 든 듯하다. 시험에 들지 말았으면 하지만 나는 매번 시험에 들고 만다. 물론, 결과는 'Failed'다.

엄마는 초등학교 2학년 딸의 메모를 보여주며 말했다.
"매사 그렇게 심각해서 어떻게 험난한 세상을 살아갈지 정말 걱정이에요. 딸아이는 그냥 넘어가는 게 없어요. 언제나 세상이 다 끝난 것처럼 걱정하면서 말해요. 아이가 하는 말을 듣고 있으면 저도 병에 걸릴 것만 같아요."

엄마의 표정은 정말 심각했다. 그런데 엄마와 상담하면서 내가 덧붙인 말은 "아이의 글솜씨가 정말 뛰어나네요"였다.

심각한 아이에게는 신중한 엄마가 필요하다

엄마와 아이의 거리는 어느 정도일까? 아니, 우리나라에서 엄마와 아이의 거리는 어느 정도일까? 앞에서 나온 이야기의 엄마가 아이의 문제를 대하는 방식을 보며 문득 EBS 〈다큐프라임 - 마더쇼크〉의 실험이 떠올랐다.

> 한국 엄마와 미국 엄마를 대상으로 모성애와 이익에 대해 뇌가 어떻게 반응하는지 실험을 진행했다. 미국 엄마는 자녀를 타인으로 생각한 반면, 한국 엄마는 자녀와 자신을 동일시하는 경향이 높았다.

즉, 한국 엄마에게 아이의 문제는 곧 엄마의 문제이며, 아이의 실패는 곧 엄마의 실패였다. 더욱이 엄마가 아이의 문제에 더 민감하게 반응하며 말했다.

"네가 그러니까 엄마가 더 속상하잖아."

엄마에게는 아이의 문제가 아이보다 더 크다. 아이는 부모를 통해 자신을 본다. 이런 경우를 '거울 신경Mirror Neuron' 이론에 비춰보면 꽤 심각하다. 왜냐하면 엄마가 느끼기에 아이는 매사 심각한데, 그에 대한 엄마의 반응은 더 심각하기 때문이다. 엄마의 말에 아이가 위로를 받고 문제를 해결한다면 보람이 있지만, 그렇지 않으면 아이의 문제만 더 심각해질 뿐이다. 문제가 생길수록 엄마와 아이 사이에는 심리적인 거리가 필요하다. 실험 속의 미국 엄마처럼 아이를 타인으로 인식하는 정도까지는 안 되더라도 엄마의 말로써 조금이나마 거리를 확보해야 한다.

아이의 글솜씨가 뛰어나다는 나의 감탄은 사실이었지만 엄마는 웃고만 넘어갔다. 오로지 아이의 문제, 아이의 고민만이 중요했기 때문이다. 나는 엄마와 이야기를 나눴다. 객관적인 조망에 대해서였다. 같이 흥분하고 같이 감상적이면 아이의 문제를 해결하는 데 도움이 되지 않는다. 감정의 홍수에 휘말려 엄마와 아이 모두 맥이 빠지고 해결점을 찾을 수 없기 때문이다. 그런 면에서 아이에게 무조건 감정을 가라앉히라고 말하기보다는 엄마가 자연스럽게 평정심을 보여주는 편이 훨씬 낫다고 조언했다.

엄마는 아이를 대할 때 객관적일 필요가 있다. 아이에게 심각한 문제가 생겼다면 곧 세상이 무너질 것처럼 한숨을 쉬지 말고 되도록 명쾌해지는 연습이 필요하다. 대수롭지 않게 여기라는 말이 아니다. 신중하게 들어주고 받아주라는 의미다. 아이에게는 그런 엄마가 절실하게 필요하다.

아이의 문제를 받아들이는 엄마의 말과 태도

문제에 대한 사람의 태도는 크게 2가지로 나뉜다.

첫 번째는 문제 직시형이다. 원활한 해결이 가능한 경우다. 문제에 답이 있다고 믿어 해결의 실마리를 하나하나 찾아나간다. 실수나 실패에서 교훈을 얻는 성장 마인드다.

두 번째는 문제 회피형이다. 문제에 대해 '방법이 없어. 어쩔 수 없어. 큰일이야'라는 태도를 보인다. 문제를 문제로만 여겨 두려워하거나 피하려고 하다 보니 패배 의식으로까지 이어진다.

엄마는 문제 앞에 선 아이를 어떤 말로 북돋워 성장 마인드를 심어줄 것인가. 엄마는 아이의 문제를 대할 때 설령 아이의 잘못이 명백하더라도 해서는 안 되는 말이 있다는 사실을 기억해야 한다. 섣부른 판단 말이다. "네가 잘못했잖아. 그래서 이런 일이 생긴 거지"라는 말은 문제 해결에 도움이 되지 않는다. 지금 아이는 문제 앞에서 잔뜩 움츠러들어 있다. 아이에게는 잘못을 들추는 검사 엄마나 시비를 가리는 판사 엄마가 필요하지 않다. 무조건 내 편인 변호사 엄마가 필요하다.

그렇지 않으면 아이는 추후 큰 문제에 직면했을 때 엄마와 의논하지 않고 집 밖의 누군가를 찾아 헤맬 수 있다. 위험한 일이다. 아이의 문제에 대해 축소하거나 과장하지 말고 객관적으로 받아들이되 엄마 스스로 긍정의 마인드맵을 그려야 말이 제대로 나온다.

'세상의 모든 문제에는 답이 있어. 내 아이는 이 일을 계기로 성장할 거야.'

당황하면 문제를 해결할 뇌가 가동되지 않는다. 아이를 추궁하면 대답하기 어려울 뿐만 아니라 뇌에 스트레스 반응을 일으켜 분노 체계가 과민 반응한다. 반면, 낙천적이고 긍정적인 사람일수록 두뇌 활동이 왕성하다. 웅크리고 앉아 "안 돼. 도저히 안 돼" 하는 사람에 비해 행동이 민첩하고 해결책도 신속하게 내놓을 수밖에 없다. 아이의 성격이 예민할수록 엄마의 태도가 중요하다. 아이가 문제를 해결하는 데 도움이 되는 기본적인 엄마의 말과 태도는 다음과 같다.

엄마는 말로써 아이의 문제를 정리해줘야 한다. 시험을 볼 때 선생님들은 문제에 답이 있다고 종종 이야기한다. '칫, 문제에 답이 있다고? 문제는 문제일 뿐인데?'라고 생각했지만 살면서 이 말의 속뜻을 경험한 일이 많을 것이다. 엄마는 아이의 문제를 최선을 다해 잘 들어줘야 한다. 그다음에 아이가 말한 문제의 요지를 천천히 정확하게 정리해주면 된다.

아이의 마음을 정리해주는 엄마의 말

"~하다는 거니?"

엄마의 물음에 아이가 "네" 혹은 "아뇨. 그런 게 아니라…"라고 한다면 고개를 끄덕이면서 진지하게 들어줘야 한다. 왜냐하면 문제가 생긴 아이는 평소보다 마음이 무겁기 때문이다. 문제에 대해 공유했다면 아이에게 다시 문제에 대한 생각을 물어본다. 아이들이 가진 세상이 끝날 것만 같은 문제들은 고민의 형식으로 나타난다. 친구에게 아끼던 샤프를 빌려줬는데 안 돌려줬다든가, 그래서 돌려달라고 말했는데 "알았어" 하며 휙 돌려줘서 속상했다는 문제라면 다음과 같은 정리가 도움이 된다.

> "너는 샤프를 빌려주고 싶지 않았는데도 꾹 참고 빌려줬는데 친구가 고맙다는 말도 없이 그냥 휙 돌려줘서 기분이 나빴구나."
> "너는 네 기분이 나쁘다는 걸 알려주고 싶은데 어떻게 말하면 좋을지 고민이구나."

아이는 엄마가 자신의 마음을 정리해주는 말을 들으며 다시 생각에 돌입한다. 마음이 왜 이렇게 힘든지 종잡을 수가 없었는데 엄마가 차분히 정리해준 덕분에 문제를 천천히 돌아보며 해결의 단서를 떠올리게 된다. 엄마의 말로 인해 감정적이었던 요소들이 이성적으로 판단된다. 생각보다 큰 걱정이 아닌 것 같기도 하다.

"응, 엄마. 근데 엄마 말을 들어보니까 내가 말을 안 하면 친구가 내가 섭섭하다는 사실을 모를 것 같아. 차라리 말을 할까?"

아이는 자신이 정리한 생각으로 엄마에게 조언을 구한다. 엄마와의 교감을 통해 안정을 되찾고 스스로 인간관계에 대한 해결 방법을 구하며 보다 성숙해지는 것이다.

꽁꽁 언 손을 녹이는 따뜻한 숨결 같은 엄마의 말이 아이에게 닥친 온갖 문제를 세상을 살아가는 지혜로 바꿔준다.

"너는 그 문제를 어떻게 했으면 좋겠다고 생각해?"

"만약 생각대로 되지 않는다면 어떻게 할 거야?"

아이에게는 문제에 부딪쳤을 때 그로 인해 자신보다 더 속상해하는 엄마보다 언제든지 그 문제를 최선을 다해 들어주고 함께 고민해주는 엄마가 필요하다.

"문제가 생기면 엄마에게 꼭 이야기하렴. 모든 문제에는 답이 있으니까 걱정하지 말고 함께 찾아보자."

Tip

아이의 문제 해결력 강화를 위해 엄마가 꼭 해야 할 일

❶ 아이에게 고민이 생겼을 때를 놓치지 않는다

- 아이에게 세상은 학습의 장이다. 또래 관계에서 생기는 문제, 말실수로 인해 일어난 문제 등 여러 가지 문제로 아이의 마음이 무거우면 공부나 일상생활이 잘될 리 없다. 오늘도 무슨 일인지 잔뜩 심각한 얼굴로 들어온 아이라면 그 순간이 엄마가 아이와 함께 문제 해결력을 학습하는 시간임을 명심해야 한다.

❷ 문제 해결에 도움이 안 되는 말은 하지 않는다

- 엄마의 안타까움을 가감 없이 드러내거나 안타깝다는 이유로 언성을 높이지 않는다. 그 대신 조금만 더 객관적으로 상황을 정리해서 말한다.
  "무슨 일인데 또 그래? 뭐가 문제야?" (×)
  "네가 말해줘야 해결을 하든지 할 거 아냐. 뭐가 문제인데?" (×)
  "엄마한테 말해줄 수 있어?" (○)
  "엄마와 함께 해결 방법을 찾아볼까?" (○)

❸ 절대로 한꺼번에 해결하려고 하지 않는다

- 엄마가 기분을 풀어주기 위해 애썼는데도 여전히 심각한 아이라면 문제 해결을 위한 유보 시간을 갖는 편이 좋다. 분위기를 전환하는 것이다. 아이가 좋아하는 일, 평소 하고 싶었던 일 등을 제안한다. 유보도 문제를 해결하는 데 도움이 된다. 아이에게는 여유 있는 엄마의 말이 필요하다.
  "지나고 보면 그렇게 심각한 문제는 아닐 거야."

03 아이가 실패했을 때 진심으로 조언해주자

"걘 넘사벽이에요. 비교할 수가 없어요. 인정할 건 인정해야죠. 전 한계가 분명히 있어요."

중간고사를 2주 앞둔 어느 날, 상담에서 효민이는 반장과 자신을 비교하며 아주 명쾌하게(!) 자신은 그 친구를 뛰어넘을 수 없다고 말했다. 그러고 나서 한 달 후, 효민이를 다시 만났다.

"축하해. 드디어 한 단계 올랐네. 선생님은 네가 해낼 줄 알았어. 간절히 바라면 온 우주가 그 기운을 알아차려 도와준다는 소설 『연금술사』에 나온 말이 기억나네."

하지만 효민이는 바닥을 내려다보며 말했다.

"그럼 뭘 해요. 반장이 다시 치고 올라올 텐데요."

아이의 불안한 마음을 달래는 엄마의 말

"선생님 들으셨죠? 재가 매번 저래요."

엄마는 효민이의 자신감 부족이 안타깝다고 했다. 효민이가 자주 쓰는 말은 '넘사벽(넘을 수 없는 4차원의 벽)'과 '한계'다. 엄마는 가장 싫어하는 말이지만 효민이는 가장 자주 쓴다. 그런데 나는 이 말을 엄마가 더 많이 사용한다는 사실을 알고 있었다. 엄마는 심지어 효민이 앞에서 "얘가 이래요", "재가 저래요", "재 한계예요"라고 말했다.

효민이는 불안한 아이다. 미국에서 학교를 다니다 한국으로 돌아와 중학교 3학년으로 편입을 했다. 교육 열기가 가장 높은 강남, 선행학습으로 무장한 아이들 틈에서 그나마 선전을 했다. 효민이의 불안은 '잘하는 아이들 틈에서 이길 자신이 없다'로부터 시작되었다. 처음에 의기양양하게 귀국했을 때 영어만큼은 누구에게도 뒤지지 않는다는 자신감이 있었는데, 몇 개월 학교를 다니면서 내린 결론은 "저만큼 영어를 하는 애는 널렸어요. 저는 아무것도 아네요"였다. 엄마는 효민이의 이 말이 싫다고 했다. 그럴 때마다 나는 엄마가 어떻게 반응하느냐고 물었다.

"솔직히 말하면 처음에는 그 말을 받아주다가, 나중에는 시끄럽다고 했어요."

엄마의 가장 큰 고민은 효민이가 자신의 꿈인 명문 대학 진학을 부정하며 "아무래도 나는 못 갈 것 같아"라고 자주 말한다는 사실이었다. 효민이가 미국 유학을 접고 한국으로 돌아온 이유는 그 대학을 가기 위해서인데, 자포자기하면 대안이 없었다.

"얘는 목표가 있어서 돌아온 건데 그걸 못한다고 하면 답이 안 나와요. 실패해서 인생을 망칠까 봐 너무 걱정돼요."

요즘 아이들은 멀미가 날 만큼 꿈을 강조하는 시대에 살고 있다. 엄마는 꿈이 없는 아이가 불안하다. 꿈을 갖게 하고 싶고 또 펼치게 하고 싶다. 그런데 꿈을 가진 아이라서 더 불안한 엄마도 있다. 아이가 그 꿈을 이루지 못했을 때 절망할 상황이 두려워서다. 이래저래 엄마는 불안하다. 문제는 그런 감정을 고스란히 말 속에 담아내고, 그 말을 아무렇지도 않게 해서 아이한테 낙인을 찍는다는 것이다. 효민이와 엄마의 모습을 살피면 많은 교훈을 얻을 수 있다.

"나만큼 잘하는 애는 널렸어요."

엄마 입장에서는 듣기 싫은 말이지만 주변에는 효민이처럼 말하는 아이들이 많다. 모순처럼 느껴지겠지만 공부를 잘하는 아이거나 잘하고 싶은 아이일수록 불안해하고 더 잘하는 사람과 자신을 끊임없이 비교한다. 비교가 꼭 나쁜 것만은 아니다. 혼자가 아닌 사회적 존재로서 아이는 좋든 싫든 누군가와 자신을 비교하지 않고 살아갈 수 없다. 예전보다 덜하다고는 하지만 당장 성적이 순위로 매겨지지 않는가. 1등을 하는 아이는 그 자리를 꼭 지키고 싶어서 불안해한다. 2등을 하는 아이는 3등과 4등이 치고 올라올까 봐 불안해한다.

"엄마는 널 믿어. 항상 열심히 하잖아"라고 엄마 딴에는 근사하게 말했는데도 "그럼 뭘 해요? 다른 애들은 더 열심히 하는데……" 하는 딸 때문에 말문이 막혔다는 엄마도 있다. 엄마는 그다음 말을 준비해야 한다. 아이의 두려움을 인정하고 아이가 자기효능감을 갖도록 확신을 주는 말이다. "자신감을 가져야지"라는 말로는 부족하다.

체육대회에서 100m 달리기 시합을 하는 아이에게 엄마는 어떤 말을 해야 할까? 엄마는 아이를 응원하고 싶은 마음에 있는 힘껏 "달려, 더 달려"라고 말한다. 하지만 이 말은 아이에게 용기를 주지도 못하고 더 달리게 하는 힘이 되어주지도 못한다. 엄마가 그 말을 하는 순간에도 아이는 이미 혼신의 힘을 다해 달리고 있기 때문이다. 차라리 다음과 같은 말이 훨씬 낫다.

"우아, 정말 잘 달리네. 우리 딸 잘한다, 잘한다!"

잘 달리는 아이든 그렇지 않은 아이든 100m 달리기를 할 때 대충 달리겠다고 마음먹지는 않는다. 1등도 꼴찌도 나름대로 최선을 다한다. 이미 최선을 다하는 아이에게 그 노력을 인정하는 엄마의 말 외에 무엇이 더 필요할까. 어쩌면 엄마는 아이를 너무 사랑한 나머지 안타까운 마음에 이런 말들을 하는지도 모른다.

"더 달려. 너 지금 꼴찌야."

"친구들은 잘 달리는데 뭐하고 있는 거야? 더 달려!"

"엄마가 뭐랬어? 그러니까 매일 달리기 연습하라고 했잖아. 엄마 말 안 듣더니……."

"이번에도 꼴찌네. 누구를 닮아 저렇게 못 달릴까?"

잘 달리고 싶고 1등을 하고 싶은 아이의 마음을 알아주는 것부터 접근하면 된다. 엄마는 아이의 마음을 알기에 속상하고, 그 마음에 엄마의 염원이 더해져 모진 말을 하는 것이다. 시도를 격려하고, 실패를 두려워하지 않게 하며, 노력의 가치를 믿는 아이가 되도록 하려면 엄마는 어떤 말을 해야 할까?

아이를 일으켜 세우는 엄마의 말

"괜찮아. 잘할 수 있어."

일진이었던 여고생의 마음을 붙잡아준 말이었다. 인성교육진흥법이 국회에서 통과될 즈음, 제1회 국회의장 배 스피치 대회에서 장원으로 입상한 여고생은 전학을 간 학교에서 이런 말을 처음으로 들었고, 형편없다고 느꼈던 자신에 대해 돌아보며 학창 시절을 바로잡는 계기가 되었다고 했다. 실패라고 생각했던 인생을 위로하고, 뒤늦게나마 앞으로 나아가게 했던 말은 "괜찮아. 잘 할 수 있어"였다. 평범해 보이지만 사실 이 말은 큰 의미를 지니고 있다. 이 말은 아이의 자기효능감 올리기로 연결된다. 자기효능감은 넘사벽이라는 단순한 부러움과 포기를 극복하게 하며, '나도 할 수 있다'라는 자신감을 불어넣는다. '잘 할 수 있어'는 '나를 긍정적으로 바라볼 거야'라는 자기 확신으로 귀결된다. 자기효능감과 자기 확신은 실패를 받아들이고 실수를 인정하며 좌절 앞에서 위협당하기보다 걱정은 되지만 도전과 시도를 가능하게 한다.

1등이 늘 1등일 수 없다는 아이의 불안감을 엄마가 제거해줄 수는 없다. 불안감은 누구나 가진 감정이다. 하지만 아이가 불안감을 우울이나 좌절로 가져가지 않고, 그럴 수 있다고 인정하며 '괜찮아. 그동안 잘했잖아'라는 안도감을 갖게 엄마는 도와줄 수 있다. '별 수 없어'라는 실패감에 사로잡힌 아이와 '나는 할 수 있어'라는 도전 의식을 가진 아이가 삶에 보이는 태도는 당연히 다르다.

"우리 딸(아들), 넘어졌구나. 일어날 수 있어? 도와줄까?"

아이가 넘어진 상황을 두려워하지 않도록, 곁에서 엄마가 도와줄 수 있음을, 하지만 스스로 일어날 수 있다는 메시지를 담은 이 말이 지금까지 아이를 키웠지 않은가. 엄마는 아이를 격려하고 지지하는 말로 실패에 대한 두려움을 다독여줘야 한다.

"공부하기 힘들지? 그래도 오래 앉아서 꾸준히 하고 있구나."
"성적이 떨어질까 봐 두렵구나. 하지만 누구에게나 두려움은 있어. 잘하고 싶을수록 두려움이 클 수 있어."

어느 날 실패했다고 아이가 좌절하는 모습을 보이면 엄마도 속상하겠지만 정말 진심을 담아 따뜻하게 말해주면 된다. 온 마음을 다해 조언해주는 엄마의 말로 인해 아이는 상황에 대처하는 문제 해결력을 키우고 다시 앞으로 나아갈 힘을 얻는다.

"네가 그동안 열심히 한 만큼 성장했을 거야."
"잘하고 싶어 하는 마음, 넌 이미 열심히 하는 걸로 보여줬어. 엄마는 참 고마워."

Tip

아이의 자기효능감을 높이는 엄마의 말

❶ 아이가 스스로를 믿게 하는 엄마의 말

- 아이가 '나는 계획한 일을 모두 해낼 수 있을 거야'라고 기꺼이 생각할 수 있게 한다.
  "넌 계획한 일을 모두 해낼 수 있을 거야."

❷ 아이를 긍정적으로 만드는 엄마의 말

- 아이가 '내가 실패해도 엄마는 나를 미워하지 않을 거야'라고 생각하며, 다른 사람이 자신을 긍정적으로 바라볼 것이라는 자존감을 키울 수 있게 한다.
  "네가 실패해도 엄마는 실망 안 해. 그만큼 도전했다는 거니까."

04 앞가림할 수 있게 책임감을 키워주자

"연수를 보내기 전에 최소한 아이들에게 가르쳐야 할 일이 있어요."

모든 엄마들이 메모 준비를 했다. 영어 문법 선행 학습이 필요한 건가? 단기 학원을 추천해주려나? 그러나 이어진 관계자의 말은 전혀 거리가 먼 이야기였다.

"홈스테이에서는 한국 학생들을 선호하면서도 한편으로는 꺼리기도 해요. 한국 학생들은 착하고 예의가 바르지만 화장실이나 공동 주방을 잘 못 쓰거든요. 심지어 그런 상황이 불편하니까 여유가 있는 집에서는 돈이 더 들더라도 신경을 쓰지 않아도 되는 숙소를 구해달라고 해요. 하지만 홈스테이를 완전히 포기하지는 못해요. 원어민들과 함께 살아야 아침저녁으로 영어를 쓰고 주말에 외출도 하며 다양한 경험을 할 수 있기 때문이죠. 영어와 문화 체험이라는 두 마리 토끼를 놓칠 수는 없잖아요. 하지만 한국 아이들은 너무 곱게 자라서 혼자 할 수 있는 일들이 없는 것 같아요. 외국에서 적응하는 데 엄청난 약점이 되는 거죠."

어학연수를 떠나기 전 오리엔테이션에서 상담실장이 강조한 내용은 아이가 밥을 먹고 자기 그릇을 설거지하는 일, 전자레인지를 사용한 후 뒤처리를 하는 일, 샤워하고 나서 욕실을 정리하는 일 등이었다. 이야기를 전해주던 엄마가 덧붙였다.

"선생님, 상담하러 오는 엄마들한테 아이에게 자립심을 길러주는 일에 대해 구체적으로 알려주면 좋을 것 같아요. 선생님이 강연에서 '7살이 되면 강가에 나가 텐트를 칠 수 있게 키워라'라고 인용했던 말이 얼마나 절실한지 직접 겪어보지 않으면 그냥 '멋있는 이야기구나, 우리 아이한테 자립심이 있으면 좋겠구나' 하고 막연히 생각만 하거든요. 제가 당하고 보니까 결국 돈만 쓰고 아이가 상처를 입고 자신감을 잃는 건 한순간이에요."

일상적인 문제 해결력은 공부보다 중요하다

요즘 아이들에게 어학연수는 비교적 흔한 일이 되었다. 짧게는 방학

기간에서 길게는 1년 동안 외국에서 공부하고 생활해야 빨리 언어를 배운다는 취지로 부모는 경제적인 형편을 감수하고 자녀를 외국으로 보낸다. "우리나라에서 몇 개월씩 학원을 다니는 것보다 외국에서 한 달이라도 공부하는 게 효과가 더 크지 않을까요?"라는 이유에서다.

현지 엄마도 예외는 아니었다. 앞으로 시간이 많지 않아 고등학교에 입학하기 전까지 방학 때마다 아이를 미국으로 보내자고 남편과도 합의를 봤다고 했다. 그런데 미국에 간다고 방방 뛰며 좋아했던 현지가 한 달을 지내고 돌아와서는 "다시는 안 가"라고 말했다고 했다. 이제 겨우 중학교 1학년이라 음식도 안 맞고 가족과 친구들이 그리워서 그런가 보다 생각했지만 그게 아니었다. 홈스테이 아주머니가 너무 무섭고 잔소리가 많다는 것이었다.

"엄마, 그 아줌마는 뭐든지 다 나보고 하래. 밥 먹고 나서 나한테 그릇을 식기세척기에 넣으래. 그래서 그렇게 했더니 음식물 찌꺼기를 안 버리고 그냥 넣었다고 또 잔소리하는 거 있지? 엄마 잔소리는 진짜 아무것도 아니야."

가만히 옆에서 듣고 있던 아빠가 "우리 현지, 중요한 걸 배우고 왔구나"라고 했다가 엄마한테 한 소리를 들었다.

"당신은 딸이 푸대접을 받고 왔는데 그런 소리가 나와요? 공짜로 맡긴 것도 아니고 받을 돈 다 받았으면서 애를 신데렐라 취급했네."

현지 엄마는 홈스테이를 소개해준 지인한테 따지려고 전화를 했다가 아빠의 말대로 현지가 '스스로 앞가림하는 능력'이라는 중요한 것을 배우고 돌아왔고, 이번 경험으로 말미암아 더 중요한 것들을 배울 기회를 얻었다는 사실도 알게 되었다.

스스로 앞가림한다는 것은 아이에게 자신의 일을 알아서 할 수 있는 능력, 즉 자신을 책임지는 능력이 있다는 의미다. 영아기 아이도 아닌데 식탁에서 엄마를 계속 불러대는 아이도 있다.

"엄마, 내 숟가락은?"

"엄마, 물!"

숟가락을 달라고 하고, 함께 식사하는 엄마한테 물을 가져다 달라고 요청한다.

"알았어. 근데 넌 엄마 밥 먹는 거 안 보여? 이제 네가 스스로 가져다 먹어야지. 네가 어린애야? 다 컸으면서."

엄마는 식사 중에 일어나 아이가 들으라고 하는 말인지, 혼잣말인지 모를 말을 늘어놓으며 아이의 숟가락을 챙겨주고 물을 가져다준다. 아이가 한 술 더 뜬다.

"그러니까 엄마는 물을 미리 준비했어야지. 꼭 잊어먹더라."

"말이나 못하면……. 다 먹었어? 얼른 가서 양치질해."

아이는 물을 마시고 식탁 의자를 엉덩이로 쭉 밀더니 일어나서 양치질을 하러 간다.

"10살씩이나 먹고 식탁 위에 밥풀 흘린 거며, 반찬도 헤집고, 언제 철이 드려나……."

"그러게. 애 좀 가르쳐. 밥상머리 예절이라곤 하나도 없네."

"요즘 애들이 그런 거 할 시간이 어디 있어? 안 그래도 할 게 얼마나 많은데……."

이런 상황은 아이의 공부보다 더 중요하고 더 근본적인 문제다. 유아기 정도면 밥상에 엄마 아빠의 숟가락을 놓을 수도 있다. 하물며 자기 숟가락 정도는 스스로 놓을 수 있어야 앞가림을 하는 것이다.

현지는 미국에서 만난 홈스테이 아주머니가 무섭다고 했다. 제 할 일을 아주머니가 시켜서 하는데도 제대로 하지 못하고 지적당하니 아이로서는 무서울 수밖에 없다. 빨리 한국으로 돌아가고 싶다. 미국이 싫다. 과연 어학연수 본연의 성과를 올렸을까?

집안일은 엄마 아빠만 하는 것이 아니다. 온 가족이 역할을 분배해서 하는 것이다. 아이에게도 나름의 몫이 있고, 그 일을 해내는 게 책임감을 배우고 키우는 과정이다. 집안일을 통한 책임감 높이기는 일석삼조의 효과가 있다. 여러 가지 상황에 대한 유연한 대처 능력을 배우고, 삶의 기술을 익혀 일상적인 문제 해결력을 높이며, 아이 스스로 유능감과 자신감을 키울 수 있게 한다.

책임감과 문제 해결력의 상관관계

유아기 때부터 식사 후 빈 그릇은 싱크대에 가져다 놓으라고 가르친다. “잘 먹었습니다”라는 인사도 잊지 않는다. 자기가 앉았던 의자는 제자리에 넣는다. 이처럼 사랑스러운 풍경은 오히려 아이가 커가면서 점점 사라진다. 오직 공부에 대한 책임감만이 늘어난다. 엄마는 이런 풍경을 다시 살려내야 한다. 일상에서 아이에게 책임감을 심어주고 칭찬으로 책임감을 키워주면 된다.

아이가 설거지를 했다. 엄마가 살펴보니 세제 거품이 그릇 밑바닥에 남아 있다. 만약 제대로 하지 못한 부분이 있다면 엄마가 마무리해준다. 굳이 아이를 불러 미숙한 점을 들추며 “어머, 이것 좀 봐. 이거 세제 거품 맞지? 지금까지 이렇게 했던 거야?”라고 말할 필요가 없다. 아이는 방법을 몰라서 그랬을 뿐이다. 다음에 설거지를 할 때 자연스럽게 알려주면 그만이다.

“그릇을 헹굴 때는 흐르는 물에 살살 문지르면 세제 찌꺼기가 남지 않고 뽀득뽀득 깨끗해져.”

소소한 일상에서 아이에게 자기 앞가림하는 방법을 알려주고 완수했을 때 아낌없이 칭찬해준다면 아이는 자신감이 충만해질 뿐만 아니라 자연스럽게 책임감까지 배울 것이다. 그렇다고 아이에게 온 가족의 설거지를 맡기는 것은 무리다. 책임감도 아이의 수준과 능력에 맞춰야 한다. 유아기 아이는 싱크대에 빈 그릇과 수저를 가져다 놓고 물에 담그는 것까지, 초등학교 저학년 아이는 여기에 자기가 쓴 컵 헹구기 정도를 추가하면 된다. 설거지도 엄마가 하는 모습을 보여주면서 천천히 가르친다.

"먼저 수돗물을 틀어서 그릇에 묻은 음식물 찌꺼기를 제거해야 해. 그다음 수세미에 세제를 묻혀서 그릇을 살살 문지르는 느낌으로 닦는 거야."

"그냥 수세미에 세제를 묻혀서 닦으면 안 돼요?"

"그러면 음식물 찌꺼기가 세제랑 섞이고, 닦다가 으깨져 수세미에 붙어서 설거지가 제대로 되지 않거든."

7살 아이가 빨래를 개는 엄마 옆에서 "나도 할래"라고 말한다. 지금까지 "저리 가. 엄마 다시 일하게 하지 말고"라고 했다면 이제부터는 이렇게 하는 것이다. "그래? 함께해보자. 네 옷과 양말을 찾아서 개볼까?" 아이는 수학 개념인 분류를 배우고 소근육을 발달시키며 일상에서의 문제 해결력을 키운다. 이때 엄마와 상호 작용을 하며 교감을 하니 이 또한 좋다.

엄마는 아이에게 책임질 일에 대해 물어야 한다. 숙제, 학원, 시험 등 공부 말고 일상에서의 책임이 먼저다. 이런 일에 대해 이야기를 나누다 보면 책임의 새로운 의미까지 알게 된다. 책임은 해야 할 일을 마땅히 하는 것이며, 실수를 했을 때 뒷마무리를 하는 일도 책임임을 알게 하는 것이다. 책임은 문제 해결의 연장선이며 아이가 세상을 살아가는 데 원동력이 된다.

우유를 마시다 흘린 아이가 행주로 바닥을 닦고 있다. 엄마 입장에서는 조심스럽게 마셨다면 좋지 않았을까, 행주보다는 휴지로 닦는 편이 낫지 않을까 하는 생각이 들더라도 우선은 스스로 책임지는 행동, 즉 스스로 문제를 해결하려는 행동을 격려해야 한다.

"저런, 실수했구나. 하지만 네가 빨리 움직여서 도움이 되었어."

그리고 더 나은 방법이 있다면 기꺼이 가르쳐준다.

"냄새가 나는 것을 닦을 때는 행주보다는 휴지가 낫단다. 혼자 하기 힘들면 엄마한테 이야기하렴."

Tip

아이의 책임감을 키우는 엄마의 말과 행동

❶ 실수는 반드시 짚고 넘어간다

- 아이가 실수를 했을 때 "괜찮아"라고 넘어가서는 안 된다. 매사에 대충 넘어가려는 나쁜 습관을 들일 수 있기 때문이다. 특히 평범하고 일상적인 일일수록 돌아보고 원인을 따져보는 편이 현명하다.

❷ 실수나 문제에 대해 충분히 생각할 기회를 준다

- "왜 실수했는지 다시 생각해볼까?", "고민하는 문제를 엄마한테 말해줄래?" 등의 말이 도움이 된다. 아이는 엄마한테 이야기를 하면서 생각을 정리하고, 실수나 문제를 문장으로 표현하면서 문제 해결력을 키우는 데 도움을 받을 수 있다.

❸ 무조건적인 위로와 격려를 구분한다

- 아이가 실수하거나 문제에 직면했을 때 진심으로 조언하는 것과 책임을 회피하는 떠넘기기식 습관을 키우는 엄마의 말은 다르다. 무조건적이고 성의 없는 위로의 말 대신 진심어린 격려를 전해야 한다.
  "괜찮아. 부끄러워하지 마. 뭔가를 했다는 게 정말 중요하거든. 엄마는 항상 네 옆에 있을 거야."

05 아이들 싸움, 문제 해결력을 키우는 기회로 삼자

아침에 눈만 뜨면 싸우는 형제를 둔 엄마입니다. 그냥 싸우게 두자니 위험하고, 말리다 보면 "엄마는 맨날 나한테만 잘못했대"라고 형제의 원망을 듣기 십상입니다. 그럴 때마다 저도 억울하고요. 싸움을 중재하려고 하면 서로 일러바치는 바람에 더 시끄럽기만 하고, 기껏 서로 사과를 해놓고는 뭐가 억울한지 또 싸울 때도 있어요. 어떻게 하면 아이들의 싸움을 잘 중재하는 현명한 엄마가 될 수 있을까요? 아이들은 7살, 8살 연년생입니다.

아이들의 싸움을 대하는 엄마의 자세

아이들은 싸우면서 큰다고 한다. 형제자매의 싸움은 전형적인 갈등의 유형이다. 사실 예전에는 엄마가 아이들의 싸움에 큰 고민을 하지 않았다. 싸우는 아이들에게 꾸중을 하기는 했지만 그로 인해 아이 키우기에 근본적으로 회의를 품거나 '어떻게 해야 아이들이 싸우지 않을까?'로 지금처럼 스트레스를 받는 일이 많지 않았다. 그보다는 훨씬 중요한 일들이 산적해 있었기 때문이다. 먹고사는 문제가 굉장히 절박했다. 하지만 이제 시대가 달라졌다. 더 이상 "아이들은 싸우면서 크는 거지"라는 말로는 위로가 되지 않는다. 아이들이 싸우지 않고 잘 지내야 잘 키우는 것 같다. 그래야 엄마의 만족도도 높아진다. 아이들의 싸움에 대한 엄마들의 솔직한 마음을 현장에서 들어봤다.

- 엄마로서 무능감에 빠져요.
- 아이들이 진짜 정말로 미워요.
- 성격을 버린 이유가 아이들 싸움 때문인 것 같아요.
- 형제는 전생의 원수가 만났다는 말이 사실인 것 같아요.
- 남한테는 양보하면서 왜 동생한테만 양보를 안 하는지 큰아이가 정말 미울 때가 많아요.
- 하나는 외롭다고 해서 낳았는데, 지금은 외동인 집이 너무 부러워요.

아이들의 싸움을 해결하는 일이 절박한 육아 문제로 등장한 것이다. 아이들의 싸움에 지치는 상황도 억울한데, 그 싸움에 말려들어 원망을 듣는 엄마는 되지 말아야 하지 않을까.

어떤 상황에서도 아이는 인정받고 싶어 한다. 설령 자신이 잘못했더라도 실낱 같이 믿고 있었던 엄마로부터 "네가 잘못했잖아"라고 추궁을 당하면 큰소리치고 악을 쓰며 운다. 엄마는 이런 말을 되도록 삼가야 한다.

"네가 뭘 잘했다고 그래! 네가 잘못했잖아. 잘못해놓고 왜 네가 울고 그래!"

엄마야말로 상황을 잘 몰라서 그러는 것이다. 아이도 잘못을 알아서 우는 것이다. 물론 억울한 경우에도 울 수 있다. 이와 같은 엄마의 말은 문제 해결에 도움이 되지 않는다. 우선 엄마는 말을 아껴야 한다. 그리고 엄마의 잣대로 잘잘못을 판결하지 말아야 한다. 엄마가 함부로 중재하면 중단되었던 아이들의 싸움이 또 시작된다. 둘 다 불만족스럽고 억울하기 때문이다. 앞에서 나온 이야기 속 형제의 경우, 아이가 이미 싸움 예방과 해결을 위한 답을 말했다.

"엄마는 맨날 나한테만 잘못했대."

아이 말을 곰곰이 생각해보면 엄마가 취해야 할 태도가 나온다. 엄마는 판사가 아니다. 엄마가 판결을 내리면 이래저래 불공평할 확률이 높다. 엄마의 신뢰도만 떨어질 뿐이다. 아이들만이 문제를 알고 아이들만이 문제를 해결할 수 있다. 엄마가 해결해주려고 애쓰다가 불만을 듣지 말고 흔들리지 않는 태도를 보이는 것이 중요하다. 싸우는 형제를 보면 소리치지 말고 나직하게 부른다. 만약 몸싸움을 한다면 안전을 위해 얼른 떼어놓는다. 그리고 다 함께 한자리에 앉아 잠시 숨을 고른 후 차분하게 이야기한다.

"누가 먼저 말할래?"

아이들은 서로 할 말이 많을 것이다. 이때 분명히 알려준다.

"상대방 이야기를 하지 말고 자신의 이야기만 해야 해."

아이들에게 자신의 이야기만 하라고 주문하면 상대방을 원망하는 말이 줄어든다. 탓하는 말도 거의 하지 않는다. 그 대신 자신이 얼마나 억울하고 잘못이 없는지를 피력할 것이다.

"그리고 하나 더, 상대방의 이야기를 끝까지 다 듣고 나서 각자 이야기를 하는 거야. 어때?"

시도해보면 알겠지만 생각 이상이다. 엄마의 중재가 필요 없을 정도다. 아이들은 말하면서 스스로 깨닫는다.

"이제 서로 할 말을 다 했으면 엄마가 결론을 내리지 않아도 해결할 수 있을까? 아니면 엄마가 해결해줘야 할까?"

이제 엄마가 본격적으로 아이들에게서 한 발짝 물러설 차례다. 아이들끼리 이야기를 나눌 때다. 문제를 끄집어내어 잘잘못을 확인해 해결할 것이다. 아이들끼리 해결했으면 그 결과를 엄마한테 말해달라고 하면 된다. 그리고 나서 둘이 와서 이야기하면 엄마는 미소만 살짝 머금고 말하면 그만이다.

"고마워. 엄마는 너희들이 문제를 잘 해결할 거라고 믿었어."

엄마는 평소에 아이들을 독립적인 인격체로 대하며 아이들이 각각 충만한 사랑을 느끼도록 조금 더 노력하면 된다.

아이들 싸움, 나쁜 것만은 아니다

어떻게 하면 아이들의 싸움을 잘 중재하는 현명한 엄마가 될 수 있을까? 아이들은 티격태격하며 자라기 때문에 집안이 늘 평화롭기는 어렵다. 대나무의 마디가 성장의 증거인 것처럼 서로 건강한 생각을 주장하다가 다툴 수도 있고, 의견을 나누는 기술이 미숙해서 다툴 수도 있다. 엄마가 중재하는 말에 따라 형제자매의 싸움은 대나무의 성장 마디가 될 수도 있고, 고목에 생긴 상처처럼 성장을 방해하는 요소가 될 수도 있다.

영화 〈흐르는 강물처럼A River Runs Through It〉에는 다 큰 형제가 격렬하게 싸우는 장면이 나온다. 피까지 보이는 심각한 싸움이다. 엄마가 둘을 말리려다가 바닥에 미끄러진다. 형제는 "엄마를 치다니!" 하고 서로를 탓하며 더 격분한다. 여기서 과연 엄마는 어떤 말을 했을까? "둘 다 조용히 해!"라고 했을까, 아니면 "시끄러워. 싸우지 마!"라고 했을까? 혹은 아예 바닥에서도 일어나지 못할 만큼 절망해 말문이 막혀버

렸을까? 엄마는 이렇게 말했다.

"엄마가 실수로 미끄러진 거야."

언젠가 EBS 〈라이브 토크 부모〉의 '뜨거운 형제들'에 출연해 형제 갈등에 대한 이야기를 나눈 적이 있다. 3형제를 둔 방송인 패널의 형제 갈등 고민을 비롯해 수많은 엄마들의 고민이 실시간으로 올라오는데 생각보다 굉장히 다양했다. 육아서를 필두로 여러 가지 매체에 형제자매 갈등에 대한 현명한 해결 방법이 넘쳐난다고 해도 갈등은 쉽게 사라지지 않는다. 아이들은 싸우면서 큰다고 하지 않던가. 그렇다면 아이들을 바라보는 엄마의 시선을 조금 여유 있게 하는 것이 답이 될 수 있다. 엄마로서 도움을 줄 수 있는 일이 몇 가지는 있겠지만 기본적으로 형제자매는 싸울 수 있다고 인정해야 한다.

- 신체 싸움이라면 즉시 떼어놓는다.
- 늘 개입하려고 애쓰지 않는다. 관심이 강화일 때가 많다. 때로는 무관심이 답이다.
- 상대방의 잘못을 말하면 "이르지 말랬지?"라는 말로 이른다고 단정 짓지 말고, 잘 들어주든지 아니면 "둘이 해결해"라고 말한다.
- 아이들의 이야기를 들을 때는 표정도 공정해야 한다. 한 아이의 이야기만 너그러운 표정으로 들으면 공평치 않는 태도다.

엄마가 본 것이 다는 아니다. '그럼 그렇지'라는 편견으로 대하면 아이는 억울할 수밖에 없다. 억울한 아이는 불만이 많고 적대적으로 변한다. 늘 싸울 태세를 갖춘 공격적인 아이가 되는 것이다. 엄마는 평소에 두 아이를 모두 잘 관찰해야 한다. 형제자매를 키우며 갈등의 원인을 최소화하는 것도 중요하다. 비교하지 않고 각자의 개성을 존중해야 한다. 그래도 아이들의 마음에는 늘 비교 의식이 있다. 자신들의 눈에도 누가 무엇을 잘하는지 명확히 보이기 때문이다. 엄마는 "형 좀 닮아라", "동생 좀 봐라"라는 말을 아무렇지도 않게 한다. 아이들은 스스로 비교하고 우월감과 열등감을 느끼며 자신감을 키우고 상처를 받으며 성장한다. 너무 안타까워하거나 '우리 아이들이 뭔가 잘못된 것은 아닐까?' 하는 근심 걱정은 아이를 키우는 데 전혀 도움이 되지 않는다. 오늘도 아이들이 별것 아닌 일들로 싸운다면 다양한 문제를 해결하는 능력을 키우는 시간이라고 여기면 그만이다. 육아는 짜증을 내거나 너무 비장하면 엄마도 아이도 모두 힘들어진다. 문제 해결을 위해 반드시 잘잘못을 따질 필요는 없다. 엄마가 먼저 이렇게 말해보면 어떨까.

"그만 싸워. 너희들이 싸우면 엄마 마음이 아파."
"둘이 먼저 이야기 나누고 결과를 말해줄래? 엄마는 여기서 기다리고 있을게."

Tip

아이들의 다툼에 현명하게 대처하는 엄마의 말

❶ 듣기 전략_ 자기 이야기만 하게 한다

- 아이들은 다툼의 이유를 상대방의 탓으로 돌리기 쉽다. 상대방을 탓하지 말고 자기 이야기만 하자는 약속을 한다.

❷ 질문 전략_ '왜'보다는 '무엇'이다

- "왜 싸웠니?"라는 질문보다는 "무엇 때문에 싸우게 되었니?", "그럼 어떻게 하면 좋을까?"라는 질문을 한다면 서로 탓하는 말이 나오지 않고 빠른 해결에 도움이 된다.

❸ 중재 전략_ 둘이 해결할 수 있다고 믿는다

- 싸움의 자리에서 판결하지 않는다. 엄마가 보기에 명명백백하게 누가 잘못했는지 보이더라도 "네가 잘못했네"라고 이야기하면 잘못을 뉘우치기는커녕 반항심이 생기는 역효과가 나기 때문이다. 둘이 해결할 수 있다고 믿어보자.

Chapter 5

아이의 창의력을 높이는 엄마의 말습관

창의력은 새로운 것을 생각해내는 힘이다. 생각은 반드시 아름답고 좋은 것에서만 비롯되지 않는다. 부족하거나 잘못된 것을 바로잡을 때 오히려 더 많은 무한 상상이 이뤄진다. 사람은 결핍과 악조건에서 더 많은 것을 만들어냈다. 그러므로 엄마는 아이가 잘하면 잘하는 대로, 못하면 못하는 대로 있는 그대로의 모습을 인정하며 그 속에서 아이가 새로운 것을 만들어낼 수 있도록 이끌어줘야 한다. 곳곳에 창의력이라는 단어가 자주 보이는 요즘이다. 엄마는 평소 말습관으로 아이의 창의력을 건강하게 싹틔우고 키워줄 수 있다. 자꾸만 새로운 생각을 시도하는 아이일수록 엄마의 말은 더 중요하다. 엄마의 말에 따라 창의력이 자랄 수도 있고, 이상한 아이가 될 수도 있기 때문이다.

01 일기 쓰기로 창의력의 밑바탕을 만들자

"아침에 일어나 학교에 갔다. 공부를 했다. 집에 와서 학원에 갔다. 학원에 가서 공부를 했다. 씻고 잤다." (초등학교 2학년 소영)
"일기를 왜 쓰는지 모르겠다. 어제랑 똑같다." (초등학교 1학년 민지)
"일기를 쓰려면 가슴이 답답해진다. 누구를 위해서 일기를 쓰라는 걸까? 정말 어른들은 이상하다. 우리를 괴롭히려고 만들어진 사람들 같다." (초등학교 3학년 주민)
"그런데 엄마는 학교 다닐 때 일기 쓰기를 좋아했을까? 꼭 여쭤봐야겠다." (초등학교 2학년 현식)

일기에 대한 아이들의 생각이다. 엄마들의 생각은 어떨까?

"일기요? 지겨웠어요. 쓰기도 싫고, 또 솔직히 쓸 말이 없잖아요."

"그날이 그날이긴 해요. 그래도 생각해보면 쓸 말이 엄청 많지 않을까요? 쓰고 나면 보람도 있고요. 저는 억지로라도 써야 한다고 생각해요. 하루를 돌아보면서 반성도 하고 계획도 세우고 말이에요. 그래야 발전하는 거잖아요."

"어땠어?", "그랬어?", "그래서?"의 마법

밤마다 일기 쓰기 때문에 아이와 말싸움을 한다는 엄마가 있었다. 그날은 밤늦도록 아이가 쓸 기미를 보이지 않자 참다못한 엄마가 물었다.

"너, 일기 썼어?"

"아뇨. 그러는 엄마는 일기 쓰기 좋았어요?"

"뭐? 안 좋았어. 왜? 하지만 너만큼 싫어하지는 않았어. 일기는 억지로라도 써야 한다는 것쯤은 받아들여야지. 사람이 하고 싶은 일만 하면서 살 수 있어?"

설령 아이의 질문이 반박일지라도 엄마는 당황하거나 꾸미지 않고 담담하게 말해야 한다. 엄마가 스스로를 믿고 말하는 만큼 그 말이 아이에게 전해지기 때문이다.

"아니, 힘들었어. 솔직히 그때는 싫었는데 지나고 나서 중요하다는 걸 진심으로 깨달았어. 그래서 '우리 딸에게 도움을 줄 수 있는 방법은 무엇일까? 어떻게 하면 일기를 재미있게 쓸 수 있을까?'를 생각해보는 중이야."

'10년 동안 일기를 꾸준히 쓰면 어떤 분야에서든지 전문가가 된다'라는 말이 있다. 일기를 쓰면서 자신의 삶을 성찰해 미래로 나갈 수 있는 큰 힘을 얻기 때문이다. 하지만 매일매일 일기를 쓰기란 결코 쉽지 않다.

'오늘은 학원에 갔다. 학원에서 공부를 했다. 집에 와서 밥을 먹었다. 그리고 잤다.' 이런 내용을 반복해서 쓴다면 일기 쓰기는 당연히 지겹고 한편으로는 인내심 테스트에 가깝다. 엄마는 일기가 지겹고 쓰기 싫은 아이의 마음을 인정해야 한다. 그래야 그다음으로 나아갈 수 있다. 일기를 통해 아이의 재능을 발견하고 창의력과 관찰력을 키워주는 것이다. 이때 엄마의 말이 대단한 효과를 발휘할 수 있다. 아이의 일기와 엄마의 말이 만나면 아이의 경험이 확장되고 창의력이 무궁무진하게 펼쳐지는 놀라운 변화가 일어난다.

우선 엄마는 아이가 일기의 소재를 떠올리도록 질문을 해야 한다. 아주 쉽고 평범한 질문이지만 굉장히 큰 효과가 있다. 예를 들어 아이가 '아침에 일어나 밥을 먹고 학교에 갔다'라는 식의 일기를 반복적으로 쓴다면 다음과 같은 대화를 나눠본다.

"아침에 일어날 때 기분이 어땠어?"

"일어나기 싫었어."

"그래서 어떻게 했어?"

"억지로 일어났어."

"그랬더니 어땠어?"

"세수를 하니까 기분이 좀 좋아졌어."

"지금 엄마랑 말한 내용을 일기로 써보는 건 어떨까?"

처음에는 아이가 금방 이해를 못할 수도 있으니 정리하도록 도와주면 좋다.

"이렇게 쓸 수 있겠네. '아침에 일어나기는 좀 힘들지만 그래도 일어나서 세수를 하니까 정신이 번쩍 났다. 그러고 나니 기분이 좋아졌다.' 어때?"

엄마가 아이에게 건네는 다음의 말들은 아이의 창의력을 북돋울 뿐만 아니라 완성도까지 높여준다. 엄마는 아이에게 건네는 질문이 가진 힘을 믿어야 한다.

"어땠어?"

"그랬어?"

"그래서?"

아이의 일기 + 엄마의 말 = 창의력 발달

아이들은 흔히 일기에 특별한 내용이 있어야 한다고 생각한다. 엄마는 말로써 아이의 관점을 바꿔줘야 한다.

"일기는 꼭 특별하지 않아도 돼. 기쁨, 슬픔, 화남, 서운함 등 여러 가지 감정들, 누군가에게 하고 싶은 말, 나에게 쓰고 싶은 편지 등 다 쓸 수 있어."

엄마의 말을 통해 전해지는 특별한 힌트가 아이의 문학적 소양을 키워줄 수도 있다. 미처 중요하게 생각하지 않았던 것들이 멋진 글감이 된다는 사실을 알게 되고 표현에 자신감이 생기기도 한다. 문학적 상상력의 기초가 다져지는 셈이다. 엄마의 직접적인 말로 아이의 상상력과 창의력을 자극해보는 것도 좋다. 정해진 답이 없는 질문은 아이의 상상력과 창의력을 계발하는 데 원동력이 된다.

사실 일기는 그날의 날씨, 그날의 기분, 그날의 일 등 비슷한 내용이 반복되는 글이다. 그래서 지루하다는 느낌이 가장 먼저 들고, 딱히 쓸 말이 없을 때가 많다. 쓸 말이 없는데 쓰려니 더 괴롭다. 악순환이 계속된다. 하지만 엄마의 말로써 날마다 반복되는 아이의 일상을 창의력을 높이는 다양한 경험으로 변신시킬 수 있다. 이를테면 다음과 같다. "오늘 아침에 마주한 바람의 느낌이 어땠어?"라는 엄마의 물음에 아이가 아무런 대답을 하지 못한다면 "내일 아침에는 볼에 스칠 바람이 어떨지 잘 느껴보면 좋겠다"라고 엄마가 먼저 방법을 알려준다. "오늘 아침에 엄마는 문득 가을이 왔다고 느꼈어. 왜냐하면…"처럼 엄마의 느낌을 말해주는 것도 다양한 경험을 하는 데 도움이 된다. 만약 아침의 일이 시간적으로 먼 과거라면 저녁의 일을 물어봐도 좋다.

일기 쓰기를 바라보는 엄마의 관점, 엄마의 격려, 그리고 엄마의 말이 아이의 반복되는 일상을 다양한 경험으로 바꿔준다. 아이와 낯선 곳으로의 여행, 여러 가지 체험 등을 함께하면서 창의력을 키워주고 싶지만 시간적인 여유와 기타 여건으로 인해 실현하기가 어렵다면 아이의 일기를 통해서 실천하면 된다. 아침에 일어나기, 밥 먹기, 학교 가기, 공부하기 등 어제와 똑같은 일상에서 '낯섦'을 발견하는 것이 창의력의 모태가 되므로 엄마의 말로써 시작하면 된다. 그러면 일기는 아이의 창의력을 꽃피우는 씨앗이 될 것이다.

"기분이 어땠어?"
"무엇을 봤어?"
"그때 어떻게 했어?"

아이의 창의력을 키우는 엄마의 일기

❶ 엄마가 일기를 쓰는 모습을 보여준다

- 일기 쓰기를 지겨워하는 아이일수록 엄마가 일기를 쓰는 모습을 보여주면 도움이 된다. 물론 아이에게 보여주기 위한 일이지만 최대한 즐거워하면서 쓰도록 노력한다. 엄마가 일기 쓰기를 즐기고 있다는 사실을 발견하면 일기에 대한 아이의 거부감이 조금은 줄어들 것이다.

❷ 아이에게 엄마의 일기를 읽어준다

- 먼저 아이에게 엄마의 일기를 읽어주고 네 일기도 들어보고 싶다는 식으로 제안한다. 절대 강요하지 않고 읽어주고 싶은 부분을 읽어달라고 한다. 엄마와 아이가 서로 일기를 읽어주다 보면 자연스럽게 엄마와 아이 간의 소통의 장이 열리고, 이 과정을 통해 아이의 창의력이 발달한다.

02 아이의 능력을 과소평가하지 말자

'저러다가 제시간에 못 가면 어떡하지?'
어렸을 때부터 유독 느린 행동에 낯선 곳에서 쉽게 적응하지 못하는 아들 민수 때문에 엄마는 아이를 키우면서 노심초사병에 걸렸다고 했다.
"원래 저는 조바심을 내거나 성질이 급한 편은 아니에요. 그런데 아이가 뭔가를 배우거나 실행에 옮길 때를 살펴보면 너무 답답한 거예요. 아이를 키우면서 '기다려줘야 한다. 여유를 가져야 한다'라는 말을 머리로는 알겠는데 딱 거기까지예요. 아이가 받쳐줘야 말이죠. 기다리다가 어느새 제가 다 해주는 거 있죠. 그래도 유치원까지는 아직 어려서 그러려니 했어요. 초등학교에 입학해서도 그러면 어떡하나 걱정했는데 역시나 였어요. 거의 전쟁 수준이에요. 근데 얘는 고칠 생각은 하지 않고 짜증만 내요."

아이의 기질을 인정해야 창의력이 자란다

민수는 학교를 갈 때 여유 있게 준비한 적이 없다. 꿈지럭거리며 늑장을 부리니 엄마가 기다리다 못해 결국 차로 데려다주기를 수차례다. 엄마의 짜증과 아이의 짜증이 겹쳐 아침마다 불협화음이 새어 나온다. 민수는 엄마가 말만 하려고 하면 그 말이 다 끝나기도 전에 "알았다구우~"라고 대답한다. 하지만 민수는 엄마의 말에 꼬박꼬박 대답하고도 행동으로 옮기지 않는다. 그러다 보니 엄마는 민수가 무엇을 하든지 못미더워하고, "또 늑장 부리네" 하며 반복적으로 채근한다. 딴짓하는 민수와 그것을 제지하려는 엄마 사이에 신경전이 벌어져 분위기가 팽팽해진다. 심지어 아이가 좋아하는 프라모델을 조립할 때도 이틀이 걸리자 "너, 그거 언제 다 할래?"라고 했다가 엄마는 후회했다. 사실 조립을 빨리 끝낼 필요도 없고 더군다나 다그칠 이유도 없는데 습관적으로 그렇게 했다는 사실을 깨달았기 때문이다. "이 정도면 조급증이 몸에 밴 거죠?" 하는 엄마의 말에 자조감이 묻어났다.

아이에게는 정해진 시간에 할 일이 있고, 여유를 두고 할 일이 있는데 민수 같은 기질의 아이를 둔 부모는 답답해 견딜 수가 없어서 "빨리 좀 해라"라는 말이 입에서 저절로 튀어나온다. 하지만 '빨리빨리'는 아이의 창의성을 죽이는 말이다. 혹시 아이의 무한한 잠재력에 엄마가 시간이라는 잣대를 갖다 대고 있는 것은 아닐까. 때때로 창의성은 주변을 천천히 둘러보듯 해야 더 활발하게 발달한다. 물론 순간적으로 떠오르는 아이디어도 있지만 그것 또한 숙성된 생각에서 나오는 법이다. 빨리빨리는 시원스러운 행동이지만 자칫하면 주마간산走馬看山 격으로 대충대충이 되어 보고 느껴야 하는 것들을 놓칠 수도 있다. 엄마가 보기에 느릿느릿한 아이, 어쩌면 이 아이야말로 놀라운 생각을 하고 있을지도 모른다.

엄마의 생각은 아이의 인생이 될 수 있다. 민수 엄마는 누구보다 아이의 기질을 잘 안다. 민수는 '느리게 적응하는 아이'다. 이를테면 가방 정리를 하다가 다른 것에 주의를 돌리거나 정신을 쏟는다. 이런 행동은 문제라고 생각하면 한없이 답답하지만, 다른 시각에서 살펴보면 굉장히 창의적인 기질이기도 하다. 엄마의 입장에서 볼 때는 '하라는 것은 안 하고 엉뚱한 짓만 하는 경우'지만 사실 엉뚱함은 창의력의 원동력이다. 반드시 시간을 맞춰야 할 때나 정말 급하게 할 일을 앞에 두고 늑장을 부리면 도움을 줘야겠지만 그렇지 않다면 아이의 여유를 방해하기보다 인정하는 편이 훨씬 좋다.

"저리 가. 엄마가 해줄게" 하며 엄마가 아이 대신 가방 정리를 하면 몇 가지 문제가 생긴다. 엄마는 아이가 할 일을 대신해주는 '대행맘'이 되어 아이를 더욱 더디게 만든다. 아이의 자존감은 서서히 바닥으로 떨어진다. 어떻게 보면 아이 입장에서는 편할 수도 있다. 앞으로 하기 싫은 일이 생겼을 때 조금만 더디게 하거나 꿈지럭거리면 엄마가 대신해줄 것이기 때문이다. 엄마의 잔소리쯤은 잠시 귀 막고 딴 생각을 하면서 견디면 그만이다. 엄마는 아이가 어릴 때부터 원래 느리다는 편견을 갖고 대하지는 않았는지 잘 돌아봐야 한다. 느린 아이가 듣고 싶지 않은 말이 바로 '느리다'라는 말이다. 그렇다고 아이가 어느 날 정신이 번쩍 들어 '빨리해야겠다'라고 작정하고 자신의 기질을 바꾸기는 어렵다. 거듭 강조하지만 엄마가 인정하지 않는 이러한 아이의 기질이 창의성의 원동력일 수 있다.

"또 딴짓한다"라는 말 대신

아이가 지금 딴짓을 하고 있다는 생각이 든다면 꼭 해야 할 일을 미루고 늑장을 부리는 것인지 아니면 다방면으로 관심이 많아 속속들이 탐색하느라 그런 것인지 살펴야 할 필요가 있다. 만약 지금 당장 해야 할 일이라면 초등학교 저학년까지는 아이를 비난하지 말고 약간의 도움을 주는 편이 현명하다.

목표를 향해 직진해야 할 때도 있고 돌고 돌아 오솔길로 걸어가야 할 때도 있다. 예를 들어 직진해야 할 때는 정신없이 바쁜 등교 시간이나 내일까지 꼭 마쳐야 하는 숙제를 하는 시간 등이다. 하지만 이런 경우가 아니라면 딴짓이 기발한 생각으로 이어질 수 있음을 인정해야 한다. 아이들은 엉뚱한 생각이 높이 평가받는 세상에 살고 있다.

초등학교 3학년 아들을 둔 한 엄마는 아이의 느린 기질과 창의성을 연결시키는 말을 일상에서 잘 실천하고 있었다. 가방 안을 이리저리 살피는 아이에게 "빨리 가방 정리하고 숙제해야 하지 않을까?"라는 질문 대신 이렇게 물었다고 했다.

"가방 정리하면서 무슨 생각해?"

얼마나 근사한가. "무슨 생각해?"라는 엄마의 말은 아이의 생각을 격려하는 말이다. "가방 안 챙기고 무슨 딴짓이야"라는 말 대신 아이의 생각에 가치를 두는 엄마의 말습관이 아이의 창의력에 날개를 달아준다. 물론 말투에 유의해야 한다.

"응, 엄마. 가방에 휴대폰을 대면 준비물을 말해주는 음성 서비스를 만들면 어떨까, 그런 생각을 잠깐 했어요."

"정말 기발한 생각인데? 어떻게 그런 생각을 했어?"

"제가 자꾸 까먹어서요. 정신을 바짝 차리고 챙겨도 한두 가지는 꼭 잊어버려요. 그래서 저 같은 아이를 도와주는 앱을 만들면 좋겠다는 생각을 해본 거예요."

아이는 자신의 부족한 점에서 필요를 깨닫고 골똘히 궁리를 했던 것이다. 궁리가 바로 창의성이다. 요리조리 상상하고 현실과 연결하다 보면 기발하고 참신한 아이디어가 꼬리에 꼬리를 물고 이어진다. 뭔가 꼼지락대고 꾸물거리는 늑장꾸러기 아이일수록 궁리하기를 격려하는 말을 해줘야 하는 이유다. 궁리의 사전적 의미를 찾아보면 '사물의 이치를 깊이 연구함, 마음속으로 이리저리 생각함'이다. 이리저리 이치를 연구하려면 시간이 필요하다. 꾸물대는 아이의 뒷모습이 답답해 보이기보다 골똘하게 궁리하는 꼬마 연구가처럼 보여야 한다. 딴짓하는 내 아이는 지금 꼬마 연구가다. 엄마의 말습관에 따라 아이는 '꿈지럭거리는 느려터진 아이'가 될 수도 있고, '자유롭게 딴짓을 하며 이치를 궁리하는 아이'가 될 수도 있다. 엄마가 아이에게 "놀랍다", "새롭다"라는 말을 자주 들려주면 아이는 기발한 생각으로 창의력의 샘물을 더 길어 올릴 것이다. "또 딴짓한다"라는 말이 목구멍까지 올라오는 상황이더라도 아이에게 그 말이 아무런 효과도 없다는 사실을 알게 된 이상 바꿔보는 것이다. 엄마는 말을 자꾸 연습해야 한다. 이런 말이 습관처럼 나온다면 더할 나위가 없다.

"재미있는 거 발견했어?"

"지금 무슨 생각해?"

"놀랍다. 어떻게 그런 생각을 했어?"

엄마의 놀라워하는 반응에 아이의 행동이 단번에 변하지는 않겠지만, 여기서 분명한 것은 아이가 자신의 행동에 자신감을 가질 거라는 사실이다. 엄마는 아이가 가진 능력을 과소평가해서는 안 된다. 아이의 내면은 엄마가 상상조차 할 수 없는 능력으로 가득하다. 기질을 약점으로 만드는 엄마의 말을 듣고 자란 아이와 기질을 장점으로 만드는 엄마의 말을 듣고 자란 아이는 미래가 다를 수밖에 없다. 엄마의 사소한 말 한마디로 어쩌면 아이의 미래가 결정되는 셈이다. "엉뚱한 생각하지 말고 빨리 준비나 해"라는 말이 튀어나오려고 한다면 잠시 아이를 바라보며 시간을 가져보자. 이어서 엄마의 말을 하면 된다. 몹시 놀라워하는 표정도 함께라면 더 좋다.

"기가 막힐 정도로 놀라운 생각인데?"

"우아, 정말 놀라운데? 어떻게 그런 방법을 생각해냈어?"

Tip

시도와 실패를 돌아보는 창의력 마인드맵

우선 화이트보드와 펜을 준비한다. 화이트보드는 가족 수대로 준비해도 좋고, 큰 것을 마련해 모두 함께 사용해도 좋다.

❶ 시도한 일 마인드맵

- 아주 사소해도 상관없으니 일상생활에서 시도한 일들을 간단히 적어본다. 스스로 주체가 되어 시도한 일이 얼마나 많은지 확인하는 과정은 아이로 하여금 새로운 시도에 즐거움을 느끼게 한다.
  "학교에서 의자에 앉을 때 발을 까딱거리지 않았어요."
  "국어 시간에 질문을 했어요."
  "엄마는 마트에 갔다 돌아오는 길에 운동하려고 한 정거장을 걸었어."

❷ 시도해서 성공한 일 마인드맵

- 시도해서 성공한 일을 따로 표시한다. 생각보다 많은 일을 해냈다는 사실을 느낄 수 있으며 자신감을 얻을 수 있다. 그리고 자신감은 또 다른 새로운 시도 및 생각으로 이어져 창의력 발달에 도움이 된다.

❸ 시도해서 실패한 일 마인드맵

- 시도해서 실패한 일을 따로 표시한다. 이러한 과정은 반성의 의미도 있지만 아이가 생각하는 실패가 사실은 딱히 큰 실패가 아님을 인식하는 계기가 되기도 한다.

03 아이의 걱정과 두려움을 인정하고 격려하자

| 첫 번째 이야기

한솔이는 해보지도 않고 "이거 못해요" 하며 새로운 시도를 두려워하는 아이이다. 유치원에서 요리를 하던 날이었다. 플라스틱 칼로 사과를 자르는데 한솔이가 선생님에게 다가와 아주 작은 목소리로 말했다. "선생님, 난 이런 거 못해요." 한솔이는 쓱쓱 과일을 자르는 친구들을 보더니 울먹이며 "난 이런 거 못해요"라고 거듭 말했다. "잘 못해도 괜찮으니 한번 해볼까?"라고 선생님이 웃으면서 권하자 한솔이는 마지못해 과일을 자르다가 말고는 "난 못한다고 했잖아요. 안 해요"라면서 엉엉 울었다. (7살, 여아)

| 두 번째 이야기

유치원 영어 시간, 선생님의 설명을 듣고 알맞은 스티커를 찾아 붙이는 활동을 할 때였다. 갑자기 윤재가 울기 시작했다. “왜 그럴까? 왜 울까?”라는 선생님의 질문에 윤재는 대답하지 않고 손가락으로 책장만 가리키며 계속 울었다. “혹시 친구들은 다 했는데 윤재는 아직 못해서 그런 거야?” “네. 난 못해요.” (5살, 남아)

| 세 번째 이야기

유치원 목공 시간이었다. 목공 풀로 장식을 붙이는데 기현이는 면봉을 들고만 있었다. 기현이가 평소 손에 무엇이든 묻히는 걸 못 견뎌한다는 사실을 알고 있던 선생님은 “기현아, 혹시 풀이 묻으면 선생님이 닦아줄게. 조금만 짜서 붙여보렴”이라고 말했다. 그러자 기현이는 “선생님, 손에 풀이 묻으면 어떡해요? 지저분해지잖아요”라고 걱정하며 대답했다. 선생님이 “도와줄까?” 하며 풀을 면봉에 묻혀 건네주자 기현이는 풀이 손에 묻을세라 풀 묻은 면봉만 빤히 바라봤다.
(6살, 남아)

아이의 두려움 + 엄마의 말 = 지적 호기심과 창의력

5~7살짜리 아이들에게 두려움이란 무엇일까? 어른들의 눈에 늘 즐겁

고 웃음이 많은 유아기 아이들은 근심과 걱정이 없어 보인다. 과연 그럴까? 아이들에게도 무엇이든 걱정하며 두려워하는 일이 분명히 있을 것이다. 다만 그 마음을 어른들만큼 자세히 말로 표현하지 못할 뿐이다. 다칠까 봐 미끄럼틀 타기를 무서워하는 아이, 넘어질까 봐 달리기를 두려워하는 아이, 손이 더러워질까 봐 풀칠을 하지 않는 아이, 그림이 망가질까 봐 색칠을 못하는 아이, 틀릴까 봐 글자를 읽지 않는 아이 등 아이들의 걱정과 두려움은 굉장히 많다. 사실 걱정과 두려움은 생각이 많은 아이와 잘하고 싶은 마음이 큰 아이에게 많이 나타난다. 이때 엄마가 아이들의 걱정과 두려움에 관심을 가져준다면 생각의 힘이 커지고 상상의 날개가 활짝 펴질 것이다. '나는 못해'라는 두려움을 '나는 해냈다'로 바꿔주면 '또 할 건 없을까?'라는 호기심에 다다르기 때문이다.

한솔이를 위로하며 "잘 못해도 괜찮으니 한번 해볼까?"라고 권한 것은 잘한 일이었다. 선생님의 말도 적절했다. 하지만 선생님의 친절한 권유에 마지못해 과일 자르기를 시도했지만 제대로 잘라지지 않자 한솔이는 더 크게 울었다. 이때 어떻게 하면 좋았을까? 우선 잘 못하겠다며 울먹이는 한솔이에게는 위로의 말이 필요하다.

"과일을 잘 자르고 싶은데 그게 안 되니까 속상하구나."

따뜻하게 안아주며 진심으로 위로해야 한다. "그래도 한번 해볼까?"라는 말은 단순한 격려일 뿐 아이에게 별로 도움이 되지 않는다. 격려를 받는다고 해서 조금 전에 못했던 것을 순식간에 할 리가 없고 아이에게는 잘 못한다는 두려움이 여전히 남아 있다. 만약 아이가 꼭 해야 하는 것이라면 "엄마(선생님)가 도와줄까?"라고 물어본다. 아이가 결정하게 하되, 꼭 해야 하고 할 수 있는 일이라면 아이가 망설이더라도 하게끔 유도하는 말이 필요하다.

"엄마(선생님)랑 함께해볼까?"

그런 후에 아이와 함께 과일 자르기를 하는 것이다. 엄마 혼자 시범을 보이면서 "한번 해봐"가 아니라 아이 손을 잡고 함께하며 방법까지 자세히 알려주면 금상첨화다.

"왼손으로 사과를 잘 잡고… 어, 잘 잡았네. 칼 손잡이를 이렇게 잡은 후에… 어, 잘 잡았네. 이제 칼날에 힘을 주면서 톱질하는 것처럼 쓱쓱… 어, 잘라졌네."

여기서 잊지 말아야 할 것이 있다. 성공의 이유를 아이에게 돌리는 것이다.

"우아, 한솔이가 사과를 잘 잘랐구나."

"난 못해"가 "어, 해냈네"로 바뀌면 새로운 것에 도전할 수 있는 자신감이 생긴다. 해보지도 않고 두려워하거나 못한다고 멈칫거리는 아이는 상상은커녕 생각할 힘조차 없다. 두려움에서 지적 호기심을 이끌어낼 수 있으며, 지적 호기심은 곧 창의력의 밑바탕이 된다.

‘어떡하지?’가 창의력의 원천이 되려면

주변 상황을 탐색하고 여러 가지 일을 시도하면서 ‘어떻게 하면 더 좋을까?’를 생각하는 것이 창의력의 원천이다. 시도하지 않는 아이는 무엇이 필요한지, 더 나은 것이 무엇일지 생각조차 하지 않는다. 그런 면에서 아이가 많은 일을 시도하게 하는 것은 창의력을 길러주는 방법이다. 엄마는 아이의 창의력을 길러주기 위해 아이가 갖고 있는 걱정과 두려움을 알아주고 극복할 수 있게 도와줘야 한다. 아이가 ‘할 수 없어’, ‘못하면 어떡하지?’, ‘예전에도 못했잖아’ 등의 마음을 걷어낼 수 있도록 기꺼이 도와야 한다. “못하긴 뭘 못해”, “무섭긴 뭐가 무서워”, “아냐, 틀렸잖아. 그렇게 하는 게 아니잖아”라는 말 대신 엄마의 다른 말이 필요하다.

“어, 이렇게 하면 되네. 무서운 게 아니었잖아. 다른 것도 해볼까?”
“어, 재미있네. 또 다른 방법은 없을까?”

대부분의 걱정과 두려움은 시간이 지나면서 조금씩 나아지지만, 새로운 일을 시도하거나 잘하지 못할 것 같은 두려움은 쉽게 개선되지 않는다. 엄마는 그 순간 아이에게 손을 내밀어야 한다. 아이에게 혼자 해보라고 등 떠밀지 말고 기꺼이 함께하는 것이다. 먼저 아이를 안

심시키는 말이 필요하다. "괜찮아" 정도면 충분하다. "괜찮아"라는 말은 이럴 때 유효하다. 잘 못할까 봐 두려워하는 아이에게 "잘 못해도 괜찮아"는 굉장히 적절한 말이다.

"손에 풀이 묻을까 봐 걱정이구나. 풀칠을 하다 보면 묻을 수도 있겠지만 엄마랑 같이하면 좀 나을 거야."

우선 두려움을 이겨내고 시도해봐야 그다음에 묻히지 않는 방법을 생각해낼 수 있다.

"아주 조심스럽게 조금씩만 짜보면 어떨까?"

아이가 혹시 쭉 짜버리면 이렇게 말해준다.

"괜찮아. 조심스럽게 짜보려고 했는데 갑자기 쭉 나왔구나."

아이의 마음을 알아주면 된다. 아이는 정말 조심스럽게 짰는데 기술적인 면이 부족해서 그런 것이다. 이미 겁먹은 아이에게 '이까짓 것'은 없다. 모두 큰일이다. 반면, 너무 멈칫거리면 손을 잡고 강약을 함께 느끼면서 할 수 있게 이끌어준다. 위로만으로는 다음 단계로 나아가지 못하니 먼저 걱정과 두려움을 알아주고 발전하도록 도와준다.

목공 풀이 손에 묻을까 봐 면봉을 들고 당황해하는 기현이에게 "이리 줘봐. 엄마가 해줄게" 하며 대신해주던 엄마는 상담을 받고 나서 방법을 달리했다. 아이의 손에 면봉을 쥐어주고 엄마가 목공 풀을 조금씩 짜주며 "얼마나 짤까? 조금? 많이? 네가 그만하면 엄마가 멈출게"라고 말했다. 그러자 기현이가 "엄마, 이리 주세요. 제가 할게요" 하며 스스로 시도하는 변화를 보였다고 했다.

초등학교 입학을 앞두고 아이가 학교를 두려워한다면 함께 가서 둘러보고, 학교 화장실이 무서워 오줌을 지린다면 함께 가서 용변을 보게 도와준다. 그래야 학교에 잘 다닐 수 있고 공부라는 학생 본연의 목적도 달성할 수 있다. 두려움이 많은 아이는 일면 상상력과 창의력이 뛰어난 아이다.

'틀리면 어떡하지? 못하면 어떡하지? 다치면 어떡하지? 귀신이 나오면 어떡하지?'

엄마가 아이의 '어떡하지?'를 긍정적인 방향으로 잘 이끌어주면 아이는 '어떡하면 더 잘할 수 있을까?'로 자연스럽게 생각을 확장시킨다. 이런 아이는 의외의 도전을 많이 한다. 걱정과 두려움을 있는 그대로 인정하고 하나하나 극복해 발전시키면 그 자리에 자신감이 채워지고 이것을 바탕으로 새로운 시도와 궁리가 생겨난다. 그러므로 엄마는 걱정과 두려움에서 시작되는 시도와 궁리가 창의력의 원천임을 깨닫고, 아이를 격려하면서 기꺼이 시도하게 하는 말을 해야 한다.

"틀릴까 봐 걱정이구나. 하지만 방법은 여러 가지야."

"틀린 게 아니라 다른 것일 수 있어. 엄마랑 함께해보는 건 어때?"

아이의 걱정과 두려움을 창의력으로 바꾸는 엄마의 말

Tip

❶ 아이의 마음을 알아주는 말

- "무섭긴 이게 뭐가 무서워?" (×)
  "그랬구나. 무섭구나." (○)

❷ 아이를 위로하는 말

- "괜찮아. 한번 해봐." (×)
  "잘하고 싶은데 못할까 봐 걱정이구나. 잘 못해도 괜찮아. 해보는 거야." (○)

❸ 걱정을 성공으로 바꾸는 말

- "우아, 해냈네. 우리 딸이 색칠을 멋지게 했잖아. 아빠한테도 보여드리자."

❹ 성공을 새로운 시도로 이끄는 말

- "또 해보고 싶은 것 있어? 해보자. 어떤 방법이 좋을까?"

04 아이가 흥미 있어 하는 것을 지지하자

유치원 현관에 들어서는 윤아의 얼굴에는 운 흔적이 역력하다. 엄마는 현관 밖에서 윤아를 보고 있다. 엄마 또한 얼굴이 밝지 않다. 신발을 벗던 윤아가 엄마를 한번 쳐다보더니 신발을 현관 바닥에 던져버린다. 윤아를 맞이하러 선생님이 나오는데, 밖에 있던 엄마가 현관으로 들어섰다.

"너, 그러지 말랬지? 엄마가 아까 미안하다고 사과도 했잖아."

윤아가 선생님 품에 안겨 울기 시작했다.

"엄마, 미워."

"고집을 받아줬더니 점점 더해요. 얼마나 까다로운지 아침마다 얘 고집 때문에 너무 힘들어요, 선생님."

아이의 고집과 독특함을 창의력으로 이끌어주는 방법

윤아는 7살 여자아이이다. 또래보다 키가 크고 옷과 신발에 관심이 많으며 역할 놀이를 할 때 친구들의 머리도 묶어줄 만큼 소근육 발달은 물론 손끝이 매우 야무져서 매사 친구들에게 많은 도움을 준다. 등원 시간에 윤아와 엄마는 정다운 이별 인사로 훈훈한 광경을 연출한다. 그런데 가끔 옷이나 신발 등으로 부딪치는 경우가 생긴다. 엄마 말에 의하면 집에서는 옷이나 신발에 별 이의가 없다가도 유치원에만 들어서면 돌변해버린다는 것이다.

윤아와 엄마는 모두 패션에 관심이 많다. 그런 만큼 윤아는 옷과 신발에 자기주장이 강해 엄마를 종종 힘들게 한다. '겨울에 얇은 레이스 원피스를 입으려는 아이가 정말 있을까?' 싶었지만 윤아가 그랬다. 자기 마음에 꽂히면 절대 다른 것은 눈에 안 들어오는 아이였다. 외출을 할 때마다 윤아의 까다로운 취향 때문에 늦는 일도 다반사였다.

엄마는 윤아가 유치원을 다니면서부터 육아서에서 본 대로 전날 저녁에 아이와 함께 입을 옷을 골라 옷걸이에 걸어두었다. 다행히 기분 좋게 등원하는 날이 이어졌다. 하지만 가끔씩 앞에서 나온 이야기처럼 엄마의 육아 철학을 휘젓는 일이 발생했다.

"어머님, 그러면 신발도 미리 고르셔야겠어요."

선생님의 말에 엄마는 당연히 그랬다고 했다. 윤아가 다른 신발을 골라 고집을 부렸다는 것이다.

"중요한 촬영이라도 하러 가는 연예인 같아요. 거울을 보면서 요리조리… 아무리 제 딸이지만 정말 까다롭다니까요."

일반적으로 부모가 까다롭다고 하는 아이들을 살펴보면 어릴 때부터 그랬다고도 하고 크면서 변했다고도 한다. 사실 자라면서 특정 분야에 까다롭다는 것은 한편으로는 반길 일이다. 아이만의 생각이 있다는 뜻이기 때문이다. 물론 엄마의 말에 매사 "네, 알겠어요" 하는 아이가 키우는 데 훨씬 수월하고 엄마의 만족감이나 행복감이 더 클 수도 있다. 하지만 아이에게 자기만의 생각이 있고, 그 생각을 주장한다는 것은 여러 면에서 격려할 만한 일이다.

엄마는 아이의 생각을 이유 있는 고집과 독특함으로 인정해야 한다. 독특함이 무엇인가, '특별하게 다름, 다른 것과 견줄 수 없을 정도로 뛰어남'이다. 얼마나 좋은 일인가. 내 아이가 독창성을 가진 뛰어난 인재라니……. 곳곳에 창의력이라는 단어가 자주 보이는 요즘이다. 일상에서 엄마의 말습관으로 아이의 창의력을 건강하게 싹틔우고 키워줄 수 있다. 독특한 아이일수록 엄마의 말이 중요하다. 엄마의 말에 따라 아이의 창의력이 자랄 수도 있고, 이상한 아이가 될 수도 있기 때문이다.

아이의 현재 관심사에서 창의력이 발현된다

학교에 가든 유치원에 가든 아침 시간은 빠듯하기 마련이다. 이런 상황에서 아이의 생각을 받아주고 또 새로운 생각을 끄집어내기란 쉽지 않다. 그래서 아이의 생각이 기특하기보다는 유난스럽고 까다롭게 보여 화가 나기도 한다. 어제 저녁에 아이와 함께 옷과 신발을 고르면서 뿌듯했는데, 아침이 되어 태도가 바뀐 아이를 보니 어이가 없다. 다른 신발을 신어야 한다고 우기는 아이를 보면서 엄마는 말한다.

"신발이 많아서 그래. 너 다음에 신발 절대 안 사줘. 네가 신고 싶은 걸로 신어. 시간 없어. 빨리 신기나 해."

하지만 분명 더 괜찮은 말이 있을 것이다.

"그 신발 신고 싶어?"

"응. 이 신발이 옷이랑 어울려."

"그런데 어제 저녁엔 다른 걸 골랐잖아."

"옷을 입고 신발을 신어보니까 그건 안 어울려. 엄마, 나 이 신발 신고 싶어."

"이 신발이 왜 마음에 들어?"

30초 정도만 투자하면 된다. 화내고 혼내는 시간보다 짧다. 아이가 그런 결정을 한 이유를 묻는 것만으로도 충분하다. 사실 별도의 시간도 필요 없다. 아이가 신발을 신는 동안 말을 주고받으면 된다.

"윤아가 사실 아이치고는 옷과 신발을 매치하는 능력이 탁월하기는 해요."

바로 이것이다. 엄마가 인정한다면 아이에게 그대로 말해주면 된다.

"우리 딸, 옷과 신발을 고르는 솜씨를 보니 패션 감각이 뛰어난데?"

아이가 약속을 지키지 않은 부분을 짚고 넘어가야 한다면 다음에는 옷을 입어보고 신발을 고르는 방법도 있다고 이야기해주는 것도 좋다. 무엇을 더 부각시키고 싶은지에 따라 엄마가 선택하면 된다. 아이가 흥미 있어 하는 것과 창의력 발달에 더 큰 의미를 둔다면 때로는 그냥 지나가는 엄마의 지혜도 필요하다. 늘 그 자리에서 잘잘못을 따질 일만 있는 것이 아니기 때문이다.

아이가 지금 흥미 있어 하는 일에 집중하면 효과가 높다. 평소 어렵게 생각한 창의력도 알고 보면 아이의 '현재 관심사'에서 가장 잘 끄집어낼 수 있다. 아이는 그림그리기, 만들기, 책읽기 등 하나쯤 무언가에 흥미를 보일 것이다. 그냥 지나치지 말고 호기심을 보이는 '바로 그때'가 적기다. 바로 그때, 엄마의 말로써 이끌어주면 된다.

Tip

일상에서 아이의 흥미를 이끌어내는 다양한 방법

❶ 책 속에 나오는 물건 만들기

- 책을 읽고 미술 활동을 한다. → 『백설공주』를 읽고 거울 만들기
- 책을 읽고 요리를 한다. → 『헨젤과 그레텔』을 읽고 빵 만들기

❷ 학습에 마트 활용하기

- 국어 학습 → 물건 이름 써보기, 물건 찾으면서 이름 읽기
- 수학 학습 → 물건 개수대로 장바구니에 담기
- 미술 학습 → 물건을 그림으로 그리기

❸ 식사 시간에 요리사 놀이하기

- 다양한 재료에 대해 이야기한다.
  "이 음식에는 어떤 재료가 들어갔을까?"
  "어떤 재료를 넣으면 더 맛있을까?"
- 단맛, 짠맛 등 맛에 대해 이야기한다.
- 사람들이 좋아하는 음식에 대해 이야기한다.
  "사람들은 왜 그 음식을 좋아할까?"

05 '왜'와 '어떻게'로 아이의 가능성을 열어주자

"선생님이 우리 엄마한테 '열린 질문'을 하라고 하셨어요? 그거 다시 말씀해주시면 안 돼요? 제가 진짜 피곤해서요. 엄마는 꼭 제가 말을 길게 하고 싶지 않을 때만 골라서 뭔가를 묻는데, 그러다 보니 '모르겠는데요'라고 대답할 때가 많거든요. 그러면 엄마 표정이 금방 변해요. 노력하는 엄마 마음은 이해하겠는데요, 이러다가 말문도 닫히고 마음도 다치겠어요."

아이는 엄마의 열린 질문이 마음을 닫히게 한다고 했다. 초등학교 3학년 진영이는 '닫히다'와 '다치다'를 너무 절묘하게 표현해냈다. 그 말을 들으며 '아차…' 하는 생각이 들었다. 열린 질문을 하려고 억지로 애쓰는 엄마 때문에 아이의 마음이 닫힐 수도 있다는 사실을 알게 된

순간이었다. 다치겠다는 말이 굉장히 크게 다가왔다. 진영이는 덧붙였다.
"답은 정해져 있으니 넌 답만 말하라는 식의 '답정너' 질문은요, 아무리 열린 질문처럼 해도 마음을 열지 못해요."

TPO를 고려한 열린 질문의 중요성

EBS에서 방영되는 토론 프로그램에 참여한 적이 있다. '부모 교육'이 주제였다. 여러 명의 패널들이 부모 교육의 필요성 및 시기에 대해 이야기했다. 모두 예비 부모 교육 차원에서 아이가 중고등학교 때부터 해야 한다는 데 별 이견이 없었다. 여러 가지 이유가 있었지만 청소년기에 부모 교육을 받으면 부모의 입장을 헤아리고 이해할 가능성이 높아진다는 의견이었다.

수많은 아이들을 상담하면서 엄마의 의도와 아이에게 전달되는 의미가 일치한다면 얼마나 아이 키우기가 수월하며, 엄마와 아이 모두가 행복할까를 생각했다. 애써 상담을 받고 아이를 위해 열린 질문을 한 엄마의 노력이 효과가 있으려면 어떻게 해야 할까에 대한 생각도 했다. 열린 질문은 '왜'와 '어떻게'로 집약된다. 생각을 열어주고 다양한 사고를 하도록 도와주며 창의력을 발달시키는 질문이기에 발문하는 데 상당한 기술을 필요로 한다. 엄마는 열린 질문을 할 때 T(Time, 시간), P(Place, 장소), O(Occasion, 경우)를 신중하게 고려해야 한다. 그래야 아이의 생각과 마음을 열어주고 '엄마는 답정너'라는 오해도 받지 않을 수 있다.

아이가 잔뜩 짜증을 내면서 집에 돌아왔다. 이럴 때는 "간식 먹을까? 어떤 간식 먹을래?"라는 기분 좋은 제안도 "됐어"라는 대답으로 돌아올 수 있다. 그런데 이때 "숙제는 언제 하면 좋다고 생각하니?"가 열린 질문일까? 아이가 피곤할 때 열린 질문은 아이를 더 피곤하게 만들 수 있다. 아이가 기꺼이 말을 하려면 근심과 걱정이 없어야 한다. 하지만 그렇게 하기가 쉽지 않은 것은 아이나 어른이나 마찬가지다. 특히 기분이 나쁠 때 받는 "왜?"라는 질문은 비난하기, 따지기, 돌려서 혼내기 등으로 와전될 수 있다. "왜?"라는 질문이 아이의 생각을 열어주고 창의력을 키우는 데 도움이 된다는 사실은 이미 알고 있다. 그러므로 열린 질문의 TPO를 더 꼼꼼하게 살펴야 한다. 엄마가 열린 질문을 잘못 사용하면 아이의 창의력 계발은커녕 생각도 닫고 마음도 닫고 말문도 닫아버린다. 엄마는 TPO를 완벽하게 고려한 열린 질문으로 아이의 창의력을 키워주고 가능성을 열어줘야 한다.

엄마가 '왜'와 '어떻게'를 잘 써야 하는 이유

'왜'만큼 좋고 또 '왜'만큼 민감한 말도 없을 것이다. 그리고 말하는 사람과 듣는 사람의 차이가 이만큼 큰 말도 없을 것이다.

"○○아."

"아, 왜요?"

"아, 왜요가 뭐야? 엄마가 부르는데."

"그러니까 왜요."

아이를 키우다 보면 이런 일을 몇 번쯤은 겪게 된다. 엄마가 아이를 불러놓고는 '왜'라는 대답에 말꼬리를 잡다가 정작 용건은 뒷전이 되는 경우도 생긴다. 간단히 정리하면 다음과 같다. 엄마는 아이를 불렀다. 아이는 왜 부르냐고 대답했다. 엄마는 그 말을 "부르셨어요?"라는 말로 듣지 않고 '왜 부르냐고 따지는 것'으로 해석해서 들었다. 어른인 엄마도 자녀의 '왜'에는 충분히 민감할 수 있다. 하지만 문제는 아이가 엄마의 '왜'를 더 민감하게 받아들인다는 것이다. 엄마는 신중해야 한다. 아이가 생각과 마음을 열어줬으면 하는 엄마의 바람을 잘 전달하려면 열린 질문은 특히 말투가 중요하다. 말투에 따라 생각과 의견을 묻고 존중하는 '왜'가 아니라 추궁하고 비난하는 '왜'로 변질될 수 있기 때문이다.

"왜 그런 건데? 왜 그랬어? 응? 왜 그런 거야?"

아이가 할 말을 찾는 동안 엄마가 견디지 못해 말에 '왜'를 잔뜩 넣어 몰아붙였다고 가정해보자. 아이에게는 당연히 "왜 대답을 안 하는 건데?"로 전달된다. 아이의 마음을 '다치게' 하는 말은 이렇게 사소하다. 엄마가 하는 말은 엄마가 가장 잘 안다. 마음속에 무엇을 품고 말하는지 말이다. 비난의 '왜'인지, 의견을 묻는 '왜'인지…….

그다음으로 많이 사용하는 '어떻게'도 아이의 입장에서는 자신의 의견을 묻는 것이 아니라 엄마가 가진 해결 방법이 없다는 사실을 알리는 것처럼 느낄 때가 많다. 이를테면 "그래서 어떻게 할 거야?"는 더 이상 방법이 없다는 사실을 단정하며 묻는 말이다. 그리고 아이보다 더 안타까워하며 걱정을 키우는 엄마의 '어떻게'도 있다. "엄마도 잘 몰라. 그래서 너 어떻게 할 건데……." 역시 엄마가 하는 말은 엄마가 가장 잘 안다. 방법을 찾자고 묻는 '어떻게'인지, 실수와 실패를 비난하며 대책 없음을 확인하는 '어떻게'인지…….

"앞으로 어떻게 하면 좋을까?"

아이가 대답하기를 어려워한다면 엄마가 곁에서 지지하고 있음을 보여주는 말을 곁들이면 된다.

"어떻게 하면 좋을지 엄마랑 함께 생각해보자."

"알아서 해"라는 말은 "네 문제니까 네가 알아서 해"라는 느낌으로 전달된다. 누구나 문제가 생기면 고민을 한다. 성격에 따라 고민의 크기가 다를 뿐이다. 힘들 때는 우선 도와줘야 그다음 단계로 넘어갈 수 있다. 창의력은 사람이 가진 생각 중에서 상위 개념에 속한다. 힘든 고민을 충분히 풀어줘야 창의력이 발달할 수 있다. 엄마는 아이의 창의력 발달을 위해서라도 기분만 나쁘게 하는 '왜'와 '어떻게'는 쓰지 말아야 한다.

현명한 엄마의 '왜', '어떻게' 사용법

엄마는 전체적으로 상황을 준비한 다음에 '왜'와 '어떻게'를 사용해 아이에게 말을 해야 한다. '왜'와 '어떻게'를 사용해서 말할 때는 가급적 감탄사를 넣어주면 어감이 제대로 살아난다.

"왜 그렇게 생각했니? 놀라운데? 어떻게 그런 생각을 했어?"

열린 질문에서 TPO가 중요하듯 엄마는 '왜'와 '어떻게'를 사용해서 말할 때 적절한 타이밍을 찾아야 한다. 그러면 민감한 주제에서도 아이의 생각과 대책을 이끌어낼 수 있고, 엄마가 시키는 대로가 아닌 아이가 주도적으로 실천하고 행동할 수 있게 된다. 만약 성적 때문에 힘들어하는 아이가 있다면 반드시 공감을 한 다음에 "왜 성적이 떨어졌다고 생각하니?"라고 물어야 한다. 아이는 "열심히 안 한 것도 아닌데 잘 모르겠어요", "체계적으로 계획을 세우지 않고 그냥 해서 그런가 봐요" 등 다양한 대답을 할 것이다. 혹시 "아, 몰라요"라고 대답을 하더라도 실망할 필요는 없다. 마음이 너무 복잡하면 한두 가지 이유를 딱 골라서 말하기 어려울 때도 있다. 엄마는 아이가 어떤 대답을 하더라도 잘 들어줘야 한다. "왜?"라는 물음에 대한 최소한의 예의이자 "어떻게?"라는 물음의 발판이 되기 때문이다.

"아, 몰라요"라는 대답을 들으면 엄마는 솔직히 화가 날 수도 있다. 가뜩이나 성적이 떨어져서 답답한데 아이가 "엄마, 앞으로 열심히 할게요"라고 대답하면 얼마나 좋을까. 하지만 성적이 떨어진 아이는 엄마 이상으로 힘들다. 힘든 문제를 앞에 놓고 엄마와 대화한다는 것 자체가 어려운 일이다. 마음먹고 시작한 엄마의 열린 질문이 와전되지 않으려면 정성을 들여야 한다. "아, 몰라요"에 "그렇구나"라고 말하기가 어렵다면 '엄마는 네 마음을 충분히 이해해'라는 뜻을 실어 고개를 끄덕이면 된다. 그러면 "어떻게 하면 좋을까?"로 무난하게 이어갈 수 있다.

"그럼 앞으로 어떻게 하면 좋을까?"

"성적을 올리려면 어떻게 하면 좋을까?"

어려움에 직면해 포기하고 싶은 아이에게도 엄마의 친절함과 정성은 전달된다. 아이도 알기 때문이다. 엄마가 지금 자신에게 하는 질문이 어떤 뜻인지를 말이다. 엄마가 그 마음을 전달해야 아이가 '왜'와 '어떻게'라는 열린 질문의 정석을 경험할 수 있고, 이것이 아이의 가능성을 열어준다.

열린 질문에는 여러 가지 답이 가능하다. 유연하다는 특징이 있다. 바로 여기에 창의력의 핵심이 있으며 열린 질문이 환영받는 이유다. 엄마는 열린 질문이 가진 유연성과 개방성을 한껏 살려야 한다. 그러려면 말하는 엄마의 표정부터 온화하고 편안해야 한다. 엄마의 열린 마음을 표정으로 보여주는 것이 중요하다. 닫힌 마음으로 하면 열린 질문도 닫힌 질문이 되어버린다.

어떤 문제든지 아이와 이야기할 수 있는 엄마가 되어야 한다. 혼자 문제를 해결하기에는 아직 미숙한 아이, 특히 힘들고 절망스러운 상황일수록 아이는 모든 가능성이 사라졌다고 생각한다. 이럴 때 엄마의 말이 아이를 다시 도전하게 하고 노력하게 만든다. '왜'와 '어떻게'로 엄마는 아이의 모든 가능성을 열어줘야 한다. 이러한 가능성이 아이의 창의력을 발달시키고, 아이를 새로운 세계로 이끌 것이다.

Tip

열린 질문에서 '어떻게' 사용법

열린 질문에서 '어떻게'는 미래와 해결로 이끄는 중요한 역할을 한다. 엄마가 '어떻게'를 어떻게 말하느냐에 따라 아이의 입을 닫게 할 수도 있고, 열게 할 수도 있다.

| 상황

아이가 밤늦게 숙제를 하느라 거의 울상이다. 졸리고 진도는 안 나간다.
"밤늦게 숙제를 안 하려면 어떻게 해야 할까?"
"일찍 해요."

❶ '어떻게'가 무의미하며 아이의 입을 닫게 하는 엄마의 말

- "일찍 하는 거 아는 애가 이제 해? 그래서 어떻게 할 건데?"
  "……."
  "뻔히 알면서 왜 진작 안 했어? 어떻게 할 거야?"
  "……."
  "지난번에도 그렇게 말한 거 같은데? 그나저나 지금은 어떻게 할 건데?"

❷ '어떻게'로 아이가 방법과 대안을 생각하게 하는 엄마의 말

- "그래. 알고 있었구나. 일찍 해야겠지? 그럼 어떻게 하면 될까?"
  "먼저 숙제해요."
  "그래. 집에 오면 놀기 전에 먼저 숙제를 하는 방법이 있구나."

Chapter 6

아이의 학습 능력을 높이는 엄마의 말습관

공부는 세상에 대해 호기심을 갖고 새로운 것을 탐색하며 배워나가는 과정이다. 아이가 공부할 때 가장 중요한 것은 '자신에게 집중하는 것', 즉 '공부는 필요한 것, 그래서 나를 위해서 하는 것'이라는 마음가짐이다. 그래야 배우는 내용을 온전히 흡수하고 꾸준히 공부할 수 있게 된다. 공부는 다른 누군가가, 즉 엄마가 절대 대신해줄 수 없다. 반드시 아이 스스로 해야 한다. 공부하는 아이에게 엄마는 어떤 말을 해야 할까? 공부는 꼭 필요한 것이며 스스로를 위해 한다는 사실을 알려주는 말이면 충분하다. 엄마는 한마디 말로써 아이를 공부하게 만들고 학습 능력을 높여줄 수 있다.

01 공부의 의미와 필요성을 가르쳐주자

아이를 바꿀 수 있을까? 공부를 싫어하는 아이를 좋아하는 아이로 바꿀 수 있을까? 그럴 듯한 공부법을 제시해주면 아이가 공부를 잘할 수 있을까? 그동안 공부법에 문제가 있어서 아이가 공부를 제대로 하지 못했던 걸까? 그렇다면 다행이다. 말 그대로 '방법'만 찾아주거나 알려주면 된다. 간단하다. 서점을 둘러보면 공부법과 관련된 책이 셀 수 없이 많다. 노트 필기법, 암기법, 책 읽는 법 등 기본적인 방법부터 직접적인 학습법까지가 총망라되어 공부법 책에 자세히 소개된다. 마치 이 책들을 읽고 아이에게 적용시키면 상위권은 아니더라도 공부 때문에 싸우지는 않을 것 같다. 물론 아이도 좋아할 것이다. 공부하는 주체는 아이 자신이니 얼마나 좋을 것인가. 그런데 그 방법을 적용시킬수록 아이는 진저리치고 공부와 더 멀어져간다. 누군가는 공부 비법이라던데 내 아이에게만큼은 아닌가 보다.

"우리 ○○, 공부하는구나."

아이에게서 공부할 마음이 우러나와야 한다. 그럴 기미가 보이지 않으니까 공부법이라도 알려줘야 하지 않느냐고 엄마는 반박할 수 있다. 일리 있는 말이다. 아이의 내면에 공부 의욕이 생겨 스스로 공부를 하면 아이도 좋고 엄마도 좋을 것이다. 공부는 시켜서 하는 것이 아니라 그냥 하는 것이다. 공부는 하는 주체가 하고 싶어야 한다. 하지만 아이는 아직 자아를 형성하는 과정에 있어 이러한 명제를 온전히 받아들이지 못한다. 그래서 엄마가 아이의 공부에 개입해 "다 너를 위해서 그러는 거야"라는 말을 변주까지 해가면서 반복한다. "너 잘되라고 그러는 거야", "공부해서 남 줘? 다 네 꺼야" 등의 말로 아이를 회유하고 설득한다. 딱 여기까지다. 이제 엄마는 시대에 맞춰 아이의 공부와 관련된 레퍼토리를 편곡해야 한다. 단순하면서도 아이에게 가능한 옥타브로 만들어야 수월하게 전해진다.

먼저 아이의 마음에 집중해야 한다. 그래야 아이가 공부를 받아들인다. 아이가 공부를 받아들여야 "공부는 왜 하는 거야?"라는 질문도 효과가 있다. 그렇지 않으면 여러 번을 물어도 같은 대답만 나온다. "몰라요", "엄마가 하래서요" 하는 아이의 대답을 듣다 보면 말문이 막혀 오히려 물어보지 않는 편이 낫겠다는 생각까지 든다.

아이의 마음에 집중하면 엄마가 어떤 말을 해야 할지 알게 된다. 아이는 공부하는 어려움, 공부하기 싫은 자신의 마음을 엄마가 이해해주길 바란다. 아이도 공부는 해야 하는 것임을 알고, 잘하고 싶어 한다. 그래서 공부 스트레스가 더 큰 것이다. 하기는 싫지만 해야 하고, 막상 하려고 하니까 재미는 없고, 몸도 마음도 모두 힘들다.

"엄마가 대신해줄 수는 없잖아"라는 말은 팍팍하게 느껴지지만 사실이다. 엄마가 아이의 머리를 대신해 공부할 수 없고, 아이의 몸을 대신해 진득하게 앉아 집중할 수도 없다. 하지만 엄마가 아이에게 해줄 수 있는 것이 있다. 바로 아이의 정서를 채워주는 일, 할 수 있도록 추임새를 넣어주는 일이다. 알고 보면 아이의 기분이 학습 능력을 좌우한다. 엄마는 한마디 말로 아이를 당장 공부하게 할 수도 있고, 지루한 공부를 신나게 바꿔줄 수도 있다. 그러려면 엄마는 가장 먼저 공부하고 싶지 않은 아이의 마음을 알아주며 이렇게 말해야 한다.

"우리 딸(아들)은 참 좋겠다. 자신을 사랑하는구나."

꾸준한 연습이 필요한 고차원적인 말이다. 엄마가 먼저 이 말을 받아들이고 자신을 설득시켜야 할 수 있는 말이기 때문이다. 엄마가 진심으로 '아이 좋으라고'의 관점에서 이 말을 한다면 다음과 같이 표현할 수 있다.

"우리 딸(아들)은 참 좋겠다. 공부를 하고 있구나."

즉, 공부를 하는 주체인 아이에게 좋다는 것이다. 진실로 공부는 아이를 위해서 하는 것이 맞다. 그 사실만 엄마가 짚어주면 된다. 하지만 자신에게 유익하다는 것을 알아도 아이는 공부가 여전히 하기 싫고 힘들다. 이 또한 엄마가 인정해주면 된다.

"공부하기 싫은데도(힘든데도) 열심히 하는구나."

하고 있다는 사실만 인정받아도 아이는 기뻐한다. 알아주는 사람이 있다는 것은 힘이 나는 일이다. 이처럼 아이가 공부하는 때를 놓치지 않고 인정해주는 엄마의 말은 아이로 하여금 공부에 대한 의지를 돋우고 학습 능력을 높인다.

공부는 기분이 즐거워야 잘되는 법이다. 집중력은 스트레스 호르몬을 제거하고 행복 호르몬을 증가시킨다. 아이 뇌를 즐겁게 하면 집중력에 도움이 되는 알파파가 나와 같은 시간을 공부해도 더 좋은 결과를 얻게 한다. 아이 뇌를 즐겁게 해주는 말은 아이의 학습 능률을 올린다. 그러므로 엄마는 아이가 좋아하는 말 목록을 작성해서 자주 해줘야 한다.

8살짜리 아들을 둔 엄마는 '구체적인 칭찬의 말'을 작성했다가 제대로 써보지 못했다고 이야기했다. 그래서 단순한 칭찬과 격려의 말로 바꿨다고 했다. 아들이 좋아하는 칭찬의 말은 "잘했어", "좋아", "근사해", "멋져", "최고야"이다. 매스컴에서 흔히 언급되는 구체적인 칭찬과는 거리가 있었지만 훨씬 좋아한다고 덧붙였다. 아들이 좋아하는 칭찬은 또 있다. 엄지손가락을 위로 척 올리는 행동이다. 엄마는 아들이 숙제를 하고 있을 때 "아들" 하고 부른 다음에 엄지손가락을 위로 척 올린다고 했다. 아들이 "엄마, 숙제 다 했어요" 하고 검사를 받기 위해 가져오면 일단 양손의 엄지손가락을 모두 들어 올리며 "우아" 한마디만 해도 아들은 의기양양해진다고 했다.

엄마는 구체적인 칭찬을 하려다 칭찬의 타이밍을 놓치면 안 된다. 아이가 좋아하는 칭찬의 말 또는 행동을 잘 기억했다가 적시에 쓰면 효과가 높다. 엄마는 말뿐만 아니라 손짓과 몸짓 등을 총동원해 아이에게 진심을 전달해야 한다.

“공부는 왜 할까?”라는 질문에 대한 답

엄마가 아이 스스로 공부해야 하는 이유를 찾아낼 수 있게 도와주는 말도 있다. “공부는 왜 할까?”, “공부는 왜 해야 할까?”라는 질문이다. 그러나 공부법에만 치중해 아이를 가르치려는 뜻을 가득 담아 “공부는 왜 할까?”라고 묻는다면 아이는 이렇게 대답할 것이다. “아, 몰라요.” 왜냐하면 아이는 공부하는 진짜 이유를 모르고, 그 이유를 모른 채 공부하는 자신에게 화가 나 있으며, 억지로 공부시키면서 굳이 물어보는 엄마의 말이 싫어서다. “공부는 왜 할까?”가 진정한 질문이 되기 위해서는 아이가 공부할 때를 놓치지 않는 엄마의 말습관이 중요하다. 공부할 때는 그냥 지나치면서 안 할 때만 콕 집어 지적하는 “왜 숙제 안 하니?”, “공부는 언제 할 거니?” 등은 공부를 안 하는 순간만을 굳이 포착한 비난의 말이다. 엄마는 공부하는 순간을 포착한 긍정의 말을 해야 한다. 긴 말이 필요 없다. 아이의 어깨를 으쓱하게 하고 씩 웃게 하는 말은 의외로 간단하다. 그저 알아주면 된다.

“숙제하는구나.”

말에 느낌과 기분을 실어도 좋다.

"우리 딸(아들)이 열심히 공부하는 모습을 보니 엄마가 기분이 참 좋다. 고마워."

물론 공부는 아이가 하는 것이지만 그 모습을 보며 엄마의 기분이 좋아져 아이에게 고마운 마음이 든다면 그대로 표현하면 된다.

"너 좋으라고 공부하라는 거야"라는 말은 공부의 주체를 아이로 삼은 듯하지만 곰곰이 생각해보면 엄마가 아이를 조종하는 느낌이다. 반면 "네가 공부하니 엄마도 좋아"라는 말에서는 아이는 공부의 주체이며 그 모습을 지켜보는 엄마도 좋다는 선순환의 기운이 느껴진다. 아이는 생각할 것이다. '내가 내 공부를 하는 것이 우리 가족을 행복하게 만드네.' 미국의 심리학자 에이브러햄 매슬로우Abraham Maslow의 욕구 이론에 대입해보면 아이는 공부를 통해 '애정과 소속의 욕구'를 채우고, 자신이 하는 일에 대한 기쁨과 자부심으로 '자아 존중의 욕구'도 충족시킨다. 그리고 계속 공부를 하면서 욕구 이론의 최상위 단계인 '자아실현의 욕구'로 나아간다. 이것은 학문, 즉 공부의 궁극적인 목표와 맥락을 같이한다. "공부하는 모습을 보니 참 좋아"라는 엄마의 평범한 말이 아이가 왜 공부를 해야 하는지에 대한 답을 내어주고 공부 의욕을 북돋워주며 자아실현으로 나아가게 한 셈이다.

Tip

공부를 어려워하는 아이를 위한 엄마의 말

공부를 어려워하는 아이에게는 따뜻하게 격려하는 엄마의 말이 필요하다. 잘하면서 불안한 아이도 있고, 정말 못해서 불안한 아이도 있다. 점점 잘할 수 있다고, 잘하고 있다고, 하려는 시도가 이미 훌륭하다고 엄마가 마음으로 공감하고 포근하게 안아줘야 한다. 결국 학습도 정서와 밀접한 관련이 있다. 아이와의 정서 교감이 먼저다.

❶ 엄마의 공감을 보여준다

- “공부하기 힘들지?”

❷ 아이의 나아진 실력을 부각시킨다

- “네가 발전한 게 엄마 눈에는 보여. 예전에 틀린 문제를 오늘은 맞혔잖아.”

❸ 잘한 부분을 찾아내 콕 집어 말한다

- “문제를 참 잘 풀었네. 한번 봐봐. 그렇지?”

❹ 더 잘하고 싶은 아이의 마음을 인정해준다

- “잘하고 싶은 우리 딸(아들) 마음, 엄마는 다 알아. 정말 고마워.”

02 엄마의 말로 스킨십을 하자

미국의 심리학자 해리 할로우Harry Harlow의 '헝겊 원숭이 엄마, 철사 원숭이 엄마 실험'은 어릴 때의 접촉이 이후 다른 발달에 어떤 영향을 미치는지 알아보는 것이었다. 구체적으로는 정서, 사회성, 인지 능력에 미치는 영향에 관해서였다. 크기가 다른 2개의 뚜껑 중 크기가 큰 1개 안에 음식을 넣어 아기 원숭이들에게 음식을 찾게 하는 실험을 했다. 음식은 항상 크기가 큰 뚜껑 안에 넣었기 때문에 아기 원숭이들이 몇 번만으로도 충분히 학습할 수 있는 정도였다. 가짜 원숭이 엄마에게 양육된 아기 원숭이들은 큰 뚜껑 안에 음식이 들어 있었음에도 그것을 예측하는 학습을 하지 못했다. 진짜 원숭이 엄마에게 양육된 아기 원숭이들에 비해 인지 발달이 늦은 것이었다. 이 실험은 부드러운 접촉이 정서와 사회성에 영향을 줄 것이라는 예상을 정확히 증명했을 뿐만 아니라 일방적 접촉은 한계가 있으며 따뜻한 스킨십이 학습에도 영향을 미친다는 놀라운 결과를 가져왔다.

아이의 인지 발달을 돕는 엄마의 말, "우리 ○○, 안아보자."

할로우의 실험은 이미 널리 알려진 연구다. 철사 원숭이 엄마에게는 우유병이 있어 아기 원숭이는 배고플 때 언제든지 먹을 수 있었다. 반면, 헝겊 원숭이 엄마는 헝겊의 부드러운 느낌 말고는 아기 원숭이에게 아무것도 주지 못했다. 갓 태어난 아기 원숭이는 배고플 때만 제외하고는 부드러운 느낌을 주는 헝겊 원숭이 엄마와 지냈다. 스킨십이 중요하다는 사실을 보여주고 엄마의 역할에 대한 주요한 시사점을 제시하는 실험이었다.

애착에 대한 이야기를 할 때마다 언급되는 할로우의 실험을 찬찬히 살펴보면 몇 가지 의미 있는 가정을 해볼 수 있다. 이 실험에서 아기 원숭이가 선택한 것만 봐도 엄마가 주는 느낌의 중요성, 즉 부드러운 접촉의 중요성과 애착의 상관관계는 재론의 여지가 없을 정도다. 엄마라면 누구나 여기서 더 깊이 있게 파고들어 아이를 키우는 데 벤

치마킹해볼 필요가 있다.

헝겊 원숭이 엄마는 아기 원숭이를 안아주지 않았다. 아기 원숭이가 일방적으로 안았다. 만약 기계적인 작동일지라도 아기 원숭이가 안길 때 헝겊 원숭이 엄마가 팔을 벌려 같이 안아줬다면, 헝겊 원숭이 엄마가 먼저 팔을 벌려 아기 원숭이를 안아줬다면 아기 원숭이는 큰 뚜껑 안에 든 음식을 찾아내는 학습을 할 수 있지 않았을까.

영국의 정신분석가 존 볼비John Bowlby는 할로우의 연구 결과가 엄마와 아이 간 애착의 중요성을 보여준다고 이야기하며 앞선 가정에 대한 답을 내놓았다. 엄마와의 접촉은 아이가 세상을 향해 나아가는 데 원동력이 된다는 것이다. 다시 말해 엄마와의 접촉을 통해 아이는 세상을 인식하며, 이것을 바탕으로 세상과 상호 작용을 해나가기 때문에 발달과 긴밀한 관련이 있다는 것이다.

이와 같은 연구를 잘 활용하면 아이의 학습 능력을 높일 방법을 자연스럽게 찾아낼 수 있다. 아이가 어릴 때부터 엄마의 친밀한 스킨십에 따뜻한 말을 덧붙이면 더할 나위 없이 좋을 것이다. 아이의 인지 발달을 돕고 학습 능력을 높이는 엄마의 따뜻한 말은 다음과 같다.

"우리 ○○, 안아보자."

이 말로 인해 아이는 세상을 탐색하고 배워나가는 학습의 초석을 마련할 수 있을 것이다. 엄마 품에서 안정감을 느껴 세상을 긍정적으로 바라보게 된 아이가 "안아보자", "사랑해" 등과 같은 말을 듣게 되었을 때 어떤 결과가 나타날지는 굳이 예상해볼 필요도 없이 명확하다. 엄마는 아이의 학습 능력을 쑥쑥 향상시킬 말을 아끼지 말아야 한다.

아이의 학습 능력 향상을 돕는 엄마의 말, "어쩌면 이렇게 사랑스러울까?"

생후 6개월 정도가 지나면 아이가 거부해도 꼭 거쳐야만 하는 성장 과정이 있다. 이유식과 배변 훈련이다. 이때 아이는 나름의 혹독한 시련을 만나게 되는데, 이 과정은 엄마가 아이를 지극히 사랑한다고 해도 대신해줄 수가 없다. 이유식은 아이가 먹기 싫어도 건강한 발육을 위해 꼭 필요하며, 변기에 앉아 배변을 하는 일이 번거롭고 힘들어도 반드시 해야 한다. 이 시기 아이에게 학습이란 하기 싫어도 해야 하는 것, 엄마의 말을 잘 들어야 하는 것이다. 이러한 학습 과제를 잘해내는 아이는 이후 발달 단계로 나아가며 더 잘 자란다. 이때 학습 능력을 높여주는 엄마의 말이 있다.

"어쩌면 이렇게 사랑스러울까?"
"어쩌면 이렇게 잘 먹을까?"
"어쩌면 이렇게 잘 쌀까?"

입만 열면 나도 모르게 나오는 말이 습관이다. 영유아기 아이에게 엄마는 습관처럼 말해야 한다.

"어쩌면 이렇게 사랑스러울까?"

아이는 때가 되면 변기에 앉아 힘을 주고, 놀고 난 후에는 장난감을 정리하며, 먹고 나서 양치질은 어떤 순서로 하는지 등 세상의 규칙과 발달에 필요한 지식을 학습해나간다. 이 시기에 학습이 잘 이뤄지면 대근육 및 소근육 발달은 물론 양말에는 짝이 있고, 옷에 달린 단추는 일대일 대응이며, 신발에는 좌우가 있다는 사실을 알게 된다. 이때 엄마의 말로 아이의 마음을 흠뻑 어루만져주는 것이다.

"옷도 잘 입네."

"신발도 잘 신네."

"정리도 잘하네."

"어쩌면 이렇게 사랑스러울까?"

아이가 기본 생활 습관을 형성해가는 시기에 엄마의 말습관도 함께 발전하는 목표를 세우면 좋다. 아이는 엄마의 따뜻한 말을 들으며 편안한 분위기에서 눈을 맞추고 웃으면서 정서 발달을 해나간다. 그리고 이러한 정서 발달은 지금과 앞으로의 공부를 좌우할 인지 발달로 이어진다. 공부를 잘하는 아이, 학습할 때 눈을 반짝이며 흥미를 보이는 아이로 키우고 싶다면 엄마가 먼저 눈을 반짝이며 아이를 향해 이렇게 말해야 한다.

"어쩌면 이렇게 잘 놀까?"

"어쩌면 이렇게 잘 뛸까?"

"어쩌면 이렇게 잘 웃을까?"

감탄사를 넣어 아이와 관련된 모든 상황과 행동이 놀랍다고 표현해주는 것이다. 이런 말을 듣고 자란 아이는 언젠가 엄마가 이런 말을 하게 만들 것이다.

"어쩌면 이렇게 반듯하게 앉아서 열심히 공부할까?"

아이가 스스로 공부하게 만드는 엄마의 말, "넌 세상의 축복이란다."

아이의 능력이 세상에서 널리 쓰일 것이라 바라면서 엄마가 할 수 있는 최고의 말이 바로 "넌 세상의 축복이란다"이다.

공부는 왜 하는가. 아직 아이가 공부의 정의와 목적을 정확히는 모른다고 해도 '공부는 해야 하는 것이며 중요하다'는 것쯤은 어렴풋이 안다. 왜 공부를 해야 하고 중요한지 논리적으로 설명하기 전에 아이가 어릴 때부터 '너는 세상에 꼭 필요한 사람'이라는 느낌부터 채워주는 것이 이후 학습에 도움이 된다. 학습은 세상에 대해 호기심을 갖고 새로운 것을 탐색하며 배워나가는 과정이다.

'새로운 것'이 '부담스러운 것'이 되어버리면 아이에게는 매 공부 시간이 고통스럽다. "공부는 정말 중요해. 새로운 것을 배우면 힘들기 때문에 예습과 복습을 철저히 해야 간신히 따라갈 수 있을 거야"라는 엄마의 말은 학습에 부담만 줄 뿐이다. 공부 시간에 집중이 잘 안 되고 예습은 하기가 싫다. 엄마는 배운 내용을 바로바로 복습해야 잊지 않는다고 하지만 아이는 마음속으로 거부하며 생각한다.

'지겨운 공부 시간에서 겨우 벗어났는데 쉬는 시간에도 공부를 하라구? 싫어. 놀 거야.'

아이가 학교에서 지내는 시간을 요약하면 공부로 시작해서 공부로 끝난다. 공부 시간을 기다리는 아이를 기대하기는 어렵지만, 최소한 40분 동안은 공부와 공부하는 자신에게 집중해야 공부 시간이 지겹지 않다. 여기서 중요한 것이 '자신에게 집중하는 것', 즉 '공부는 필요한 것, 그래서 나를 위해 하는 것'이라는 마음가짐이다. 이런 마음의 바탕이 바로 '나는 세상에서 축복받은 사람'이라는 확신이다. 그래야 매시간 배우는 '학學'을 자신에게 흡수하고 이후 '습習'을 하게 되는 것이다. '습習'이라는 한자를 살펴보면 스스로(自, 자) 날기 위해 날갯짓(羽, 우)을 연습한다는 의미를 담고 있다. 다른 누군가가, 즉 엄마가 대신해줄 수 없는 날갯짓이다. 반드시 스스로 해야 한다.

이제 공부라는 창공을 향해 크게 날갯짓하며 날아가야 하는 아이에게 "공부 좀 해라. 다 너를 위해서 하는 거야"라는 엄마의 말은 반감만 일으킬 뿐이다. 무의미한 말 대신 이렇게 말해야 한다.

"세상이 너를 필요로 해. 넌 세상의 축복이란다."

이 말은 의식적인 연습이 필요한 말이다. 엄마 스스로가 이 말의 진정성을 확신해야 할 수 있는 말이기 때문이다.

Tip

아이를 공부하게 만드는 엄마의 말과 행동

❶ 영아기_ 아이의 모든 행동에 민감하게 반응한다

- 아이가 울면 그 의미를 알아차린 다음에 안아주고, 먹여주고, 기저귀를 갈아준다. 이때 엄마는 말과 함께 민감한 반응을 보인다. 민감한 반응은 타인 혹은 대상과 상호 작용을 하는 데 틀이 되어주기 때문이다. 학습은 능동적이며 적극적인 상호 작용이 중요하므로 엄마가 아이에게 눈 맞춤과 스킨십을 충분히 한다.

  "엄마가 기저귀 봐줄게."

  "우리 아기 쉬했나?"

  "어디가 불편한지 엄마가 살펴볼게."

❷ 유아기_ 아이가 발달 과업을 수행할 때 친절하면서도 단호하게 반응한다

- 아이가 맞닥뜨린 발달 과업(배변 훈련 등)의 어려움을 이해하며 잘해낼 수 있도록 원칙을 세워 따뜻하고 일관되게 이끌어준다.
- 놀이의 중요성을 깨닫고 놀 수 있는 환경을 제공하며 함께 놀아준다.

❸ 초등기_ 조금이라도 집중하며 몰입하면 아낌없이 칭찬한다

- 신나게 뛰어놀면서 세상을 탐색하는 시기이므로 배움이 재미있다는 사실을 느끼도록 환경을 조성해준다. 새로운 시도를 할 때마다 격려해주며, 잘하든 못하든, 성공하든 실패하든 인정해준다.
  "가장 큰 실패는 아무것도 시도하지 않는 거란다."

03 아이의 흥미와 재능을 파악하자

| 첫 번째 이야기

시간이 가는 줄 모르고 방 정리를 하는 아이, 그런데 하필 시험을 앞두고 그러니 엄마는 답답한 나머지 잔소리를 했다. 시험을 앞둔 어느 날, '아이와 싸움을 한들 이런 습관이 고쳐질까? 차라리 관점을 바꾸자. 애가 방 정리를 통해 마음을 다잡은 다음에 공부하면 더 좋겠지?' 라고 생각하던 엄마에게 아이의 놀라운 능력이 보였다. 방 정리한 모습을 보니 공간 배치 능력이 뛰어나다는 것. 공부하라고 하면 방 정리나 하고 있어서 꽤나 싸웠다던 엄마였는데, 미국의 심리학자 하워드 가드너Howard Gardner의 다중지능 중 공간 지각 능력을 알고 나서부터 아이에게 다르게 대했다. "넌, 책상 정리를 기가 막히게 잘하는구

나", "우아, 완벽한 배치 능력이야. 네 방에 들어오면 기분이 좋아져"라고 말했다. 이러한 엄마의 반응은 아이의 전공으로 이어졌다. "아이의 모든 것은 사소하지 않아요. 잘 살피다 보면 아이의 재능이 발달하고, 그것이 꿈과 목표로 연결되거든요."

| 두 번째 이야기

"전 세계 7살 이하의 어린이가 사회에 나가 직업을 선택할 나이가 되면 65%는 지금은 없는 직업을 갖게 될 것이다. 지금은 대학 졸업 후 하나의 직장에서 30년을 일하고 은퇴하지만 앞으로는 90~100살까지 여러 직업을 거치면서 일하는 시대가 온다. 좋은 대학에 가야 행복할 것이라는 미신에 빠져 있는 부모 때문에 아이들은 경쟁적인 선행학습을 하고 학교에서는 잠만 잔다. 부모의 생각이 변해야 한다. 부모가 바뀌어야 한다."

현실감 있게 와 닿았던 김도연 포항공과대학교(포스텍) 총장의 발표였다. 그의 생각에 크게 공감했다. "부모가 바뀌어야 한다."

진짜 공부는 아이의 흥미와 연결되어야 한다

지금 유아기와 초등학교 저학년인 아이들의 미래 직업은 과연 무엇일까? 부모의 의식 세계에 여전히 존재하는 '좋은 직업'군은 '공부'와 직결되어 있는 듯해도 잘 살펴보면 많이 변했다. 그나마 다행인 점은 부모가 생각하는 좋은 직업과 아이들이 생각하는 좋은 직업 사이의 괴리가 많이 좁혀졌다는 것이다. '사[士]자 직업'이 무조건 최고에서 '잘나가는 사자'를 빼고는 "글쎄 과연 그럴까?"가 되었고, 때마침 각 직업군에 스타가 등장했다. 스포츠, 음악, 미술 등에서 두각을 드러내면 그동안 우리가 선망했던 어떤 직업도 능가할 수 있다. 아이들은 일찍이 이 사실을 알고 공부는 인생의 전부가 아니며 자기가 하고 싶은 일을 찾으려고 애쓰고 있다. 하지만 지금의 젊은이들은 사고방식이 다른 부모를 만나 혹독한 통과 의례를 치르고 있다. 하고 싶은 일이 자신이 잘하는 일과 거리가 있다는 현실 앞에 절망하는 경우도 많다.

불필요하게 넘치는 스펙이 거추장스럽다는 말이 그것을 증명한다. 스펙을 쌓느라 정작 자기가 하고 싶은 일이 무엇인지, 잘하는 일이 무엇인지 생각하지도 못한 채 그저 학교를 다니고 잘하든 못하든 공부에 온 힘을 쏟았다. 그러느라 지나온 시간을 돌아보면서 "부모님이 시키는 대로만 한 것 같다. 정작 내 인생에 나는 없다"라고 한다. "꿈이요?" 하고는 말문을 닫아버린 대학생을 보면서 생각한다. 꿈이라면 멀미가 날 만큼 꿈 타령을 해온 지 십수 년, 그 혜택을 가장 많이 받은 세대가 지금의 젊은이들인데 정작 꿈이 없다고 한다. 꿈꿀 시간을 주지도 않았고, 꿈을 물어보는 사람도 없었으며, 꿈을 함께 고민해야 할 부모는 그저 공부를 잘하면 모든 게 해결될 것이라는 말만 했을 뿐이다.

부모가 꿈꿀 시간을 주지 않았던 걸까? 부모는 수시로 묻기만 했다. "뭐가 되려고 그러니?"

지금의 부모들도 내심 편치는 않았지만 대안이 없었다. 불확실했고 불안정했으며 어떤 꿈이 좋은지 어떤 직업이 미래에 괜찮은지 사회적으로 붐이 형성되지 않았다. 막연하게 변하는 기류만 감지했을 뿐이다. 구체적인 것 없이 시간이 흘렀고 자녀들은 20~30대에 접어들어 공무원 시험에 인생을 걸고 있다. 불안정한 시대에 먹고살 수 있는 안정적인 작업이기 때문이다. 그런데 자녀들이 여기서 벽에 부딪친다. 하고 싶은 일을 하고 싶어서다. 그러다가 더 큰 벽에 맞닥뜨린다. 20~30년 동안 자신이 무엇을 하고 싶은지 진지하게 고민해보지 않아서다. 자기소개서에 무게가 실리는 요즘, 취업을 앞둔 어느 대학 4학년생의 이야기는 꼭 짚고 넘어가야 한다.

"솔직히 자소서에 쓸 말이 없어요. 있는 그대로 쓰려면 '부모님이 그렇게 하라고 해서 … 그렇게 했다'거든요."

자신 있게 나에 대해 이야기하는 것이 자기소개서인데, 막상 쓰려니 주춤거려지고 쓸 내용이 없다고 했다. 아이가 좋은 대학에 가야 행복하게 살 것이라는 믿음으로 어릴 때부터 좋은 학습지가 무엇인지 알아보고 앉아 있기 힘들어하는 아이를 어르고 달래가며 공부시키지 않았던가. 영아기 때는 '오감으로 학습한다'라는 이론에 따라 값비싼 교구와 장난감으로 아이의 학습을 부추기고, 물놀이를 하면서도 공부하라고 특별한 재질의 책을 사주며 아이의 공부에 집중하기를 20여년, 막대한 경제적 지출로 '베이비부머 푸어'라는 신조어 시대를 살아가고 있는데 정작 혜택을 누린 내 아이는 취업 문턱에서 번번이 넘어진다.

불행 중 다행일까. 이런 세태로 인해 시행착오를 거친 새로운 기류가 만들어져 지금의 유아 및 초등학교 저학년 아이들에게는 혜택이 돌아갈 수도 있다. 어떻게 하면 아이가 꿈을 키우고, 그 꿈이 학습으로 연결되며, 공부의 최종 목적인 '행복'이라는 목표에 이를 수 있을까? 그러기 위해서는 아이가 흥미 있어 하는 것이 무엇인지 살펴보는 일이 굉장히 중요하다.

"무엇이 되고 싶니?", "무엇이 가장 재미있니?"

"○○아, 네 꿈은 뭐야? 그 꿈을 위해 뭘 하고 싶어?"

"넌 무엇이 되고 싶니? 그래서 어떻게 할 거야?"

"넌 무엇이 가장 재미있니?"

엄마는 꿈을 물어보는 동시에 아이가 무엇을 좋아하는지 잘 살펴야 한다. 엄마의 관심어린 말과 눈길과 관찰이 함께해야 한다. 아이가 무엇을 좋아하는지 무엇에 집중하며 몰입하는지 살피고 찾아내서 이야기해야 한다. 블록을 갖고 놀 때는 몰입에 대해 칭찬하고, 놀이터에서 신나게 뛰어놀 때는 얼마나 건강하게 시간을 보내고 있는지 이야기한다. 5살짜리 아이가 단 5분이라도 학습지를 풀었다면 "5살이 어쩌면 이렇게 집중을 잘할까? 정말 멋져"라고 칭찬한다.

만약 형제가 사이좋게 지낸다면 "서로 양보와 배려를 잘하니 정말 대견하다"라고 말한다. 아이가 밥을 잘 먹는다면 "밥을 정말 의젓하게 먹네. 식사 매너가 좋아서 전 세계적인 리더가 될 수 있겠는 걸"이라고 긍정적인 예언을 한다. 식사 매너가 얼마나 중요한지 엄마도 잘 알고 있지 않은가. 바르게 식사하는 태도는 글로벌 매너로 인정받을 일이다. 피아노를 열심히 연주한다면 "노력하는 모습이 보기 좋아. 지난번보다 실력이 많이 늘었어"라고, 학교에서 돌아온 아이에게는 "학교에서 공부하느라 고생했어"라고 인정하는 말을 건넨다. 지난번보다 더 나아진 모습을 알아주는 엄마, 학교에 다녀오는 일은 당연하지만 그것을 기특하다고 인정해주는 엄마의 아이는 행복하다.

지금까지 언급한 몇 가지 엄마의 말이 아이의 공부 의욕을 높이는 데 엄청난 효과가 있다는 사실을 파악했을 것이다. 가장 사랑하는 사람인 엄마의 입에서 나오는 인정, 기대, 격려를 담은 말이 아이에게 '나는 괜찮은 사람'이라는 자긍심을 선물한다. 아이를 공부하게 만들고, 공부 의욕을 높이는 엄마의 말은 학습에만 한정되어서는 안 된다. 오히려 학습과 가장 거리가 멀어 보이는 부분에서 아이를 으쓱하게 할수록 효과가 크다.

"그런 것도 하고 싶어? 엄마는 생각도 못했는데……. 궁금해지네. 한번 해볼까?"

이런 말이 아이로 하여금 꿈을 꾸게 하고 '아, 나는 이런 걸 잘하는구나' 하며 스스로에게 속삭이게 만든다. 다름 아닌 '자기 충족적 예언 효과'다. 이것은 아이의 모든 것에 영향을 미친다. 자기가 믿고 생각한 대로 이루려면 반드시 자기 확신이 있어야 한다. 아이의 자기 확신에 가장 큰 영향을 미치는 것은 무엇일까? 지금까지 계속 언급했듯이 바로 '엄마의 말'이다.

아이의 미래를 밝혀주는 엄마의 말

누군가 나의 이름을 불러줬을 때 나는 꽃이 되고 의미가 되었다는 어느 시의 구절처럼 엄마는 말로써 아이의 행동에 의미와 가치를 부여할 수 있다. 아주 사소하고 당연한 일상에서 아이의 가능성을 발견해서 열어주고, 아이가 매사 긍정적인 생각을 할 수 있게 이끌어주면 된다. "다녀왔습니다"라고 인사하는 아이에게는 "인사를 참 잘하는구나. 인사성이 바르니 나중에 훌륭한 사람이 될 거야"라고 이야기한다. 유대인 엄마는 유모차에 앉아 있는 어린아이를 다른 사람에게 소개할 때도 "이 아이는 훗날 △△가 될 ○○이에요"라고 한다지 않는가. 아이의 행동, 아이의 관심에 이름을 붙여주는 엄마의 말이 아이의 미래가 될지도 모른다.

"앞으로 그림을 잘 그리는 멋진 화가가 될 우리 딸(아들)."

아이가 흥미 있어 하는 분야를 콕 집어서 말해준다. 만약 아이가 유명한 화가가 되고 싶다고 한다면 '유명한'이라는 수식어를 꼭 넣어준다. 굳이 "유명한 것보다는 그림을 잘 그리는 화가가 낫지 않을까?"라고 물어볼 필요가 없다. 아이의 마음 높이에 맞춰서 말하면 그만이다. 아이가 돈을 많이 버는 축구 선수가 되고 싶다고 한다면 굳이 "돈을 많이 버는 게 중요한 게 아니라…"라는 말로 아이의 꿈을 왜곡하지 않는다. 돈을 많이 벌겠다는 말은 아이 수준의 로망임을 이해한다. 돈에 대한 가치는 다른 기회에 알려주면 된다.

엄마에게 인정을 받은 아이는 단순한 재능뿐만 아니라 자기이해지능이 높아지므로 가치에 대해 스스로 배우기도 한다. 꿈이 있는 아이는 공부도 소홀히 하지 않는다. 아이들도 다 보고 들어서 안다. '최소한' 어느 정도 선까지는 해야 한다는 것을 말이다. 최소한 축구만 잘해서는 안 된다. 최소한 발레만 잘해서는 성공할 수 없다. '최소한'에 아이들은 '공부'를 포함시킨다.

'어떤 분야에서 성공하려면 기본적으로 공부를 해야 한다'를 아이가 안다는 것은 기쁜 일이다. 엄마한테 인정받고 꿈을 이루고 싶은 아이는 자신이 처한 상황에서 최선을 다한다. 자신의 소중함을 알기 때문이며 인정받은 만큼 책임감도 있다. 학교에서는 열심히 수업에 임한다. 수업 시간은 공부를 하는 시간임을 알기 때문이다. 자신의 가치를 아는 아이는 하지 말아야 할 일도 잘 구분해서 행동한다. 무엇이든 지루함을 참으며 끝까지 끈기 있게 해낸다. 사소한 일상에서 아이의 재능과 흥미를 찾아내 콕 집어주는 엄마의 말은 아이가 성장하는 내내 아이를 빛나는 존재로 만들어줄 것이다.

Tip

하워드 가드너의 다중지능 이론과 엄마의 말

100년 전 시작된 IQ에 대한 맹신은 하워드 가드너의 다중지능 이론에 의해 흔들리기 시작했다. 다중지능 이론의 핵심은 '아이는 반드시 2~3가지 지능'을 갖고 태어난다는 믿음이다. 엄마는 아이를 키우면서 다중지능 이론의 도움을 받을 수 있다.

① 아이의 흥미와 재능을 찾기 위해 노력한다

- 아이의 흥미와 재능은 숨어 있을 가능성이 높다. 찾아내려는 엄마의 노력이 필요하다. 흥미와 재능을 밖으로 드러내는 아이도 있지만 무엇을 좋아하고 또 잘하는지 도무지 안 보여주는 아이가 더 많다. 그럴수록 무엇을 좋아하는지, 무엇을 할 때 즐거운지, 너는 어떤 아이인지 등의 질문을 자주 해야 한다. 보물찾기와도 같다. 가만히 있으면 아무것도 찾아내지 못한다. 아이의 흥미와 재능이라는 보물을 찾아내기 위해서 필요한 엄마의 말은 의외로 간단하다.

  "하늘을 보니 어떤 느낌이 들어?"

  엄마의 간단한 질문이 구름, 하늘의 높이, 밤하늘의 별 등으로 이어져 아이가 우주와 천체에 관심이 있다는 사실을 발견한다면 엄마는 아이의 자연지능을 찾아낸 것이다.

❷ 아이의 강점 목록을 만든다

- 아이가 잘하는 것을 스스로 찾아내게 하는 '강점 목록'을 만든다. 엄마가 그에 맞는 언어적 피드백을 해주면 아이의 다중지능을 높이는 데 도움이 된다. 강점은 특별하지 않다. 사소한 모든 것이다.
- 아이의 강점 목록: 잘 논다, 노래를 잘한다, 인사를 잘한다, 말하기를 좋아한다, 친구들과 사이좋게 논다 등
- 엄마는 인사를 잘하는 아이에게 다음과 같이 말함으로써 아이의 '대인관계지능'과 '자아성찰지능'이 높다는 사실을 알려준다.
  "인사를 참 잘하네. 다른 사람을 존중하고 기분 좋게 만드는 인사는 정말 중요해."

04 칭찬과 격려의 말로 아이의 공부 의욕을 이끌어내자

"아이가 알아서 공부하면 얼마나 좋을까요? 꼭 잔소리를 해야 하는 척해요. '공부해야지.' 그러면 그때서야 공부하는 척하는 거죠."

"아이가 학교 갔다 왔나 싶으면 어느새 없어요. 노는 게 그렇게 좋을까요? 아이가 신나게 놀고 들어오면 얼굴을 보자마자 '숙제는 했어?' 라는 말이 튀어나와요. 그러면 아이는 '몰라' 하고 쌩 들어가죠. 또 쫓아 들어가 잔소리를 시작하는 거예요. 날마다 오후가 너무 피곤해요. 그렇다고 나아지는 것도 아닌데 저만 지치는 거죠."

"숙제를 하나 싶어서 보면 딴청을 부리는 거예요. 30분도 안 걸릴 공부를 1시간 넘게 잡고 있으니 능률이 더 떨어지죠. 몸을 구부정하게 하고 배배 꼬는 걸 볼 때마다 '그냥 그만둬'라는 말이 저절로 나와요."

엄마의 어떤 말이 아이를 공부하게 할까?

아이의 공부를 향한 엄마들의 열정은 가끔씩 공격적인 말로 표현된다. 명령하고 지시해야 아이가 공부한다고 믿어서 그런 걸까? 아이가 눈앞에서 공부하면 제대로 하는지를 감시하고, 아이가 공부를 안 하면 엄마가 더 조바심을 낸다. 이래저래 불안하다. 불안증은 당연히 명령과 지시로 이어진다. 그러면 아이가 하는 시늉이라도 하니 그나마 효과가 있는 것 같다. 아이 스스로 자기 주도 학습을 한다면 얼마나 좋을까……. 그런데 대부분의 엄마들이 그렇게 될 때까지 기다리지 못한다. 기다리는 동안 공부와 멀어질까 두렵다. 잔소리라도 해서 습관을 잡아줘야 할 것 같다. 우리 아이와 공부는 그렇게 상극일까? 엄마가 잔소리해야 겨우 하는 척이라도 할 만큼 우리 아이는 공부를 싫어하는 걸까? 만약 아이가 초등학교 1~2학년이라면 공부 습관은 지금부터다. 아이의 공부 습관을 잡아주기 위해 "공부하라"는 권유의 말이 효과적일까? "공부는 언제 할 거니?"라는 관심의 말이 효과적일까?

여기서 문제는 이러한 엄마의 말이 권유가 아닌 잔소리와 강권으로 들린다는 사실이다. 그렇다면 엄마의 어떤 말이 아이를 공부하게 만들까?

> "시카고의 한 고등학교는 졸업을 하려면 일정 수의 과목을 통과해야 하는데 통과하지 못한 과목은 '아직'이라는 학점을 받는다고 합니다. The Power of YET. 정말 멋진 일이죠. … (중략) … '낙제' 대신 '아직'이라는 학점을 받은 학생은 자신이 배우는 과정이란 걸 이해할 겁니다. '낙제' 대신 '아직'이라는 말로써 앞으로 나 있는 길을 보여주는 것이지요."

미국의 심리학자 캐롤 드웩Carol Dweck이 TED 강연에서 한 말이다. '어려움과 도전에 어떻게 대응하는가'라는 연구로 잘 알려진 그녀의 이야기로부터 '학습의 어려움과 도전' 역시 말 한마디로 인해 지속되거나 꺾인다는 사실을 확인할 수 있다. 엄마는 아이에게 '아직'이라는 말로 '앞으로 나 있는 길'을 보여주는가, 아니면 '낙제한 현재'만 알려주고 있는가.

좋은 습관이 아이의 몸에 배려면 엄마가 아이가 하는 일에 긍정적으로 관심을 보여야 한다. 기분이 좋고 칭찬받을 일이면 아이들은 신나서 한다. 특히 공부에는 정적 강화가 필요하다. 엄마 눈에 아이가 공부를 안 할 때만 보이면 곤란하다. 아이가 공부할 때는 당연하니까 지나치고, 공부를 안 할 때는 학생의 본분을 일깨워야 한다고 생각한다. 엄마가 잔소리하기 전에는 절대 아이 스스로 공부하지 않을 것이라는 엄마 내면의 '불신'과 '불안'의 이중주가 아이를 더 공부하기 싫은 상태로 몰고 간다. 이때 엄마가 생각하는 '당연'을 잘 활용하면 공부에 대해 정적 강화를 하게 되어 아이의 공부 습관을 잡아줄 수 있다. 의외로 간단하다. 아이가 공부하는 순간을 포착해서 상황 중계를 하면 된다. 중계를 할 때는 칭찬의 형식을 갖춰도 좋고, 격려의 형식을 갖춰도 좋다.

지금까지 칭찬을 남발하는 바람에 별 효과가 기대되지 않는다면 '인정'이라는 말을 하면 된다. 누구나 인정을 받고 싶어 한다. 부작용도 없다. 어떻게 인정하면 될까? 굉장히 간단하다. 아이가 현재 열심히 하는 것을 그대로 이야기하면 된다. 어린아이의 경우 감탄사까지 넣어 중계하면 더 효과적이다. 아이가 성장하기 위해서는 칭찬의 내용도 중요하지만 사랑하는 엄마에게 인정을 받았다는 사실이 더 중요하다. 자신의 능력이 성장할 것이라고 믿는 사람들만이 성공적인 삶을 살 수 있다.

많은 엄마들이 아이가 공부하라는 말을 해야지만 한다고 불만을 터뜨린다. 이런 엄마들을 잘 살펴보면 아이가 엄마 말을 듣고 그나마 공부하는 척이라도 할 때 꼭 이렇게 말한다. "넌 꼭 하라고 해야 하니? 언제까지 그럴 거야? 자기 주도 학습 몰라? 이제 알아서 좀 해야지." 공부하는 척이 아니라 아이가 공부하는 것이다. '겨우 하는 척한다'라고 여기지 말고 '하는 것'을 인정해야 한다. 같은 상황이지만 엄마가 어떻게 말하느냐에 따라 억지로 시작한 공부를 지속하게 만들 수도 있고, "안 해!" 하며 그만두게 만들 수도 있다. 엄마가 하라고 해서 억지로 공부를 시작한 경우라면 어느 정도 기다렸다가 격려하는 말을 해주면 좋다. "열심히 공부하는구나." '공부하라는 말을 하기 전에 하면 좀 좋으련만……'이라는 생각은 잠시 접어둔다. 지금 하고 있다면 그 또한 칭찬할 일이다.

앞에서 나온 이야기의 엄마에게 "아이가 엄마가 하라고 할 때만 공부하나요?"라고 묻자 이렇게 대답했다.

"알아서 할 때도 있어요. 가뭄에 콩 나듯이 해서 문제죠."

가뭄에 콩이 나다니 얼마나 기특한 일인가. 바로 그때다. 엄마는 그때를 놓치지 말아야 한다. 너무 좋은 나머지 "어이구, 웬일이야? 알아서 공부를 다 하네"라고 말하는 엄마도 있다. 아이 입장에서는 절반의 칭찬으로도 들리지 않는다. 그보다는 차라리 '어이구, 대견해. 어이구, 예뻐라' 하는 엄마의 속마음을 그대로 표현하는 편이 훨씬 낫다. 그래야 아이가 알아듣고 뜻도 제대로 전달된다. 'A라고 쓰고 B라고 읽는다'는 상당한 비유법이다. 엄마가 아이에게 일상적으로 사용하는 말은 상징과 비유의 복잡한 말보다는 직설법이 좋다. 알아듣기 좋게 말해야 잘 알아듣는다.

"웬일이야? 네가 알아서 공부를 다 하고……."

"우아, 아들. 공부하고 있구나."

어떤 말이 더 나을까? 당연히 후자일 것이다. 말하는 엄마도 듣는 아이도 더 기쁜 말을 선택해 쓰는 것이 말의 효과를 높인다. 엄마가 공부하는 아이의 모습을 봐서 기쁘다는 말과 더불어 공부하고 있는 아이의 모습을 인정하는 말, 엄마는 가뭄에 콩이 난 기적의 순간을 놓치지 말아야 한다.

"우리 딸(아들)이 공부하는 모습을 보니 엄마는 기뻐."

"너 좋으라고 공부하라는 거야"라는 말 대신

공부하는 아이 옆에서 엄마가 공부하면 아이의 공부를 격려할 수 있다. 특히 초등학교 저학년의 경우 엄마가 옆에서 함께 공부하면 큰 도움이 된다.

"엄마가 감시하는 것처럼 보이면 어떡하죠?"

"그러다가 헬리콥터맘이 되는 거 아네요? 그리고 엄마가 옆에 있을 때만 공부하면 어떡하죠? 결국 자기 주도 학습은 점점 멀어지지 않을까요?"

엄마들의 불안이 이해된다. 하지만 그럴수록 엄마의 마음을 진심으로 가다듬으면 된다. 감시를 안 하면 그만이다. '엄마가 옆에 있을게. 널 사랑해. 필요하면 언제든지 도와줄게' 하는 마음으로 엄마도 책을 읽거나 교과서를 살펴보는 것이다. 상상만으로도 행복한 풍경이다. 만약 이렇게 실천하기가 어렵다면 TV를 켜지 않거나 전화 통화 등을 자제해 최소한의 배려를 하면 된다.

공부는 즐겁게 할 수도 있고 마지못해 할 수도 있다. 아이를 키우면서 엄마의 격려가 가장 필요한 부분이 공부가 아닐까 생각한다. 공부는 아이가 인생에서 처음으로 만나게 되는 엄청난 도전이기 때문이다. 엄마는 공부라는 어려운 과제를 안고 있는 아이에게 "너 좋으라고 공부하라는 거야"라는 말 대신 조금 더 구체적인 방법을 따뜻하게 제시하며 공부 의욕을 이끌어내야 한다.

대부분의 엄마들이 아이가 학교에서 돌아온 오후부터 더 피곤해진다는 말에 동감할 것이다. 엄마가 아이를 대신해서 할 수 있는 일들이 점점 줄어드는 초등학교 때부터는 엄마는 '말'로 대부분의 일들을 대신하게 된다. 이제 아이는 많은 일들을 스스로 해야 하는데, 알아서 하지는 않고, 엄마가 대신해줄 수는 없으니 계속해서 말하는 것이다. 관심을 갖고 격려하는 차원에서 말하는데 그럴수록 효과는커녕 아이가 듣기조차 싫어하며 짜증을 낸다. 특히 공부와 숙제에서 심각해진다. 엄마는 신경이 날카로워지고 아이는 엄마를 이해하지 못한다. '내가 알아서 할 건데, 엄마는 왜 저러시지? 어차피 내가 할 건데……' 하면서 미루는 아이가 엄마 눈에 찰 리 없다. 1시간이나 책상 앞에 앉아 있는 아이가 엄마 눈에는 후딱 하지 않고 딴짓하는 아이로 보인다. 엄마와 아이의 마음의 간격만 멀어진다. 엄마의 의도는 분명하다. 아이를 잘되게 하려고 그러는 것이다.

아이가 노느라, 게임하느라, TV를 보느라 공부를 미룬다면 굳이 지적하지 말고 기꺼이 하게끔 권유해야 한다.

"몇 시부터 시작할까?"

뭉그적거리는 아이에게 "하루 종일 붙잡고만 있을 거야? 언제까지 그럴 건데?"라는 말이 무슨 효과가 있을까. 이런 말이 더 구체적이다.

"어디까지 했는지 볼까? 언제까지 마칠 수 있겠니?"
"엄마가 옆에서 도와줄까?"

초등학교 저학년의 경우에는 아이에게만 맡기지 말고 옆에서 도와주는 것도 좋다. 때로는 협상도 필요하다. 아이의 주변에는 유혹하는 것들이 많고, 아이도 공부 말고 더 재미있는 것이 하고 싶다. 하지만 해야 할 일을 하도록 도와주는 것이 엄마의 역할이므로 되도록 아이와 의논해야 한다. 당연히 아이가 직접 결정하게 하면 좋다.

"숙제 먼저 하고 TV 볼래? 아니면 보고 나서 할래?"

아이가 TV를 먼저 보겠다고 선택했다면 결정을 존중하며 아이의 특성을 파악해서 말을 덧붙인다.

"그래. TV 먼저 봐. 그런데 보는 시간은 엄마가 정해도 될까?"

"공부는 몇 분 정도 할 거니?"

"30분? 그러면 TV도 30분 정도 보면 어떨까?"

정답은 없다. 그동안 관찰한 아이의 특성에 맞춰 편안히 접근하면 된다. TV를 보면서 아이는 휴식을 취하고 재충전할 것이다. 엄마는 휴식이 아이의 집중력을 높여준다고 믿어야 한다. 아이는 믿는 만큼 자란다. 엄마가 믿는 만큼 아이의 학습 효과도 커진다. 아이의 공부에 대해 불신하고 불안해하는 엄마는 잔소리를 하지만, 아이가 열심히 할 것이라고 믿는 엄마는 인정하고 격려하는 말로 아이의 학습 효과를 이끌어낸다. 이와 더불어 엄마의 말로 아이의 상황을 중계하면서 과정을 칭찬하면 효과는 배가될 것이다.

"숙제를 하는구나."

"어려운 문제인데도 끝까지 풀어내는구나."

"새로운 것을 배우려는 모습이 참 멋져."

Tip

공부에 대해 칭찬하고 격려하는 엄마의 말습관

엄마가 아이의 장점을 찾아 공부와 연결시켜 구체적으로 말하면 학습 능력을 높이는 데 효과적이다.

❶ 오래 앉아 있는다

- "지구력은 공부의 기초 공사라고 하잖아. 오랫동안 앉아서 공부를 하다니 넌 역시 최고야."

❷ 집중을 잘한다

- "공부는 집중이 정말 중요한데, 너의 집중력은 정말 대단해."

❸ 호기심이 많다

- "너는 어릴 때부터 '왜?'라는 질문을 정말 많이 했어. 호기심이 남달랐지. 공부는 호기심에서 비롯될 때 진짜 실력이 된다고 하더라."

❹ 실천력이 남다르다

- "공부는 일단 시작하는 것이 중요한데, 넌 머릿속으로만 생각하지 않고 바로 실천하니 벌써 반쯤은 공부를 잘하는 것이나 다름없어."

05 모르거나 틀려도 괜찮다고 이야기하자

| 첫 번째 이야기

"음… 음…"

"어휴, 답답해. 지난번에도 가르쳐줬잖아. 또 까먹었어?"

민수가 몸을 배배 꼰다.

"저 봐라. 공부하라니까 몸만 배배 꼬고… 병원비만 들겠어. 척추 측만증 걸려."

"엄마, 그게 뭔데?"

"뭐? 지금 그게 문제야? 똑바로 앉아서 공부나 해."

"아니, 엄마… 그게 뭐냐구… 척추… 그거."

"아무튼 못 말려. 주의 산만."

민수에게 공부를 가르치던 엄마는 참다못해 연필 끝으로 민수의 머리를 톡 친다.
"아, 왜 때려?"
"그게 때린 거야? 그냥 살짝 건든 거지. 아무튼 못 말려. 너를 가르치겠다는 내가 바보지."
엄마가 문득 시계를 본다.
"뭐야, 벌써 20분 지났잖아."
"그럼 끝났어? 이제 놀아도 돼?"

| 두 번째 이야기

정인이가 유치원 졸업을 앞두고 선생님에게 감사 카드를 쓰고 있다. 쓱쓱 그림을 그리더니 그 밑에 크게 글씨를 썼다.
'선생님, 고맙슴니다.'
옆에서 지켜보던 엄마가 한마디 했다.
"틀렸잖아. '슴니다'가 뭐야? 지난 어버이날 카네이션에 쓴 글자도 틀렸었는데……. 그때가 5월인데 지금은 겨울이잖아. 그럼 지금까지 계속 틀렸던 거야?"
정인이는 그림도 잘 그렸고, '선생님 고맙슴니다'도 잘 썼다. 단 한 글자 '슴'만 틀렸다. 엄마는 그림을 잘 그렸다는 것, 글씨를 반듯하게 썼다는 것은 모두 그냥 지나쳤으면서 틀린 딱 한 글자는 지적해냈다.

아이의 "음… 음…"에 대처하는 현명한 엄마의 자세

20분. 7살 아이에게는 결코 짧지 않은 시간이다. 보통 유아기 아이들의 집중 시간은 15분 내외다. 초등학교의 수업 시간인 40분과 큰 차이가 나는 유아기의 집중 시간, 왜 이렇게 짧은지를 묻는다면 그나마 아이들이 가능한 시간이라서 그렇다. 그에 비하면 20분은 길다. 겨우 5분 차이지만 집중을 요하는 것이 공부라면 분명히 짧지 않은 시간이다. 엄마들은 생각한다. '그래도 하긴 해야 하는데……. 초등학교에 가서 적응하려면…….'

많은 엄마들이 여기는 한국이지, 핀란드 같은 북유럽 국가가 아니라면서 유치원 졸업 전에 한글 떼기와 구구단 외우기에 열을 올린다. 소수의 영재들을 비교 대상으로 삼으며 "옆집 아이는 벌써 동화책을 막힘없이 읽던데요"라는 말을 한다. 지금까지 수많은 아이들을 만나왔지만 그렇게 대단한 아이는 많지 않다.

첫 번째 이야기에 등장하는 7살 민수는 20분 동안 앉아 있기가 어려운 남자아이다. 엄마는 육아서와 블로그에서 본 조언을 따라 시계를 보며 아이와 앉아 있을 시간을 정했다. 그런데 아이가 자꾸만 몸을 배배 꼰다. 그 모습을 보고 엄마가 지적한다. 엄마는 이미 민수의 현 상태를 잘 알고 있다. 20분 동안 앉아 있기는 무리인 것이다. 그렇다면 더 이상 몸을 배배 꼬지 않도록 적절한 계획을 세워야 한다. 척추 측만증을 걱정할 것이 아니라 척추 측만증이 걸리지 않게 도와주며 학습을 이끌어야 한다. 아이의 자세와 태도를 문제 삼지 말고 현재의 학습 목표에 매진해야 한다. 아이가 "음… 음…"이라고 할 때도 "지난번에도 가르쳐줬잖아. 또 까먹었어?"라는 말로 주의를 분산시킬 필요가 없다. 엄마가 아무리 말해봤자 민수는 기억 창고에서 그 내용을 끄집어내지 못한다. 공연히 엄마의 말만 길어지고 아까운 시간만 흘러간다. 만약 꼭 가르쳐야 할 내용이라면 "잘 봐봐. 5+3은 8이야. 8을 찾아서 선을 그어볼까?"라고 확실히 가르쳐주는 편이 낫다. 누군가는 "그러면 아이가 공부하는 게 아니잖아요"라고 할 수도 있다. 그렇지 않다. 엄마가 한 번 더 가르쳐준 것이다. 어차피 학습은 반복이다. 7살 아이에게 필요한 것은 학습량도 오래 앉아 있는 시간도 아니다. '공부는 재미있다'라는 생각을 갖게 하는 것이 훨씬 중요하다. "음… 음…" 하며 곤혹스러워하는 아이를 자꾸 몰아붙이면 기억이 나기는커녕 공부가 싫다는 마음만 심어줄 뿐이다.

만약 한 번 더 확인하려면 "아들, 5+3은 얼마라고 했지?" 하고 아이에게 물어보면 된다. "8이요. 방금 엄마가 알려줬잖아요" 하며 아이가 의기양양하게, 뭐 그렇게 시시한 것을 묻느냐고 어깨를 으쓱하게 해준다. 아이를 시험에 들게 하는 질문보다는 아이가 얼른 대답할 수 있는 질문이 좋다. "음… 음…" 하고 몸을 꼬는 이유는 기억이 나지 않아서다. 기억이 나지 않는 아이가 신날 리 없다. 이럴 때 엄마는 아이를 격려해서 기분을 끌어올려줘야 한다. "그것도 몰라?" 하는 말을 아이에게 한다 해도 "알아요"라는 대답이 돌아오는 기적은 없다. 더 모르게 된다. 주눅이 들면 몸도 오그라들고 머리도 움츠러든다. 구부정하게 앉으니 엄마 눈에는 당연히 곱게 보일 리 없다. 가뜩이나 지난번에 가르쳐준 내용인데도 모른다고 하는 아들, 답답증과 안타까움이 꽥 소리로 나오기 십상이다. '내 자식은 내가 가르치지 못한다'라는 말이 괜히 나온 것이 아니다. 하지만 이 말을 충분히 바꿀 수 있다. 엄마의 말을 조금만 다듬으면 놀랍게도 즐거운 시간이 된다. 아이가 학습에 눈부신 발전은 보이지 않더라도 최소한 엄마와 함께하는 공부는 신난다고 생각할 것이다. "엄마랑 같이 공부할까?" 하면 "공부 안 해. 싫어"라고 하지는 않을 것이다. 아이가 모르거나 틀렸어도 괜찮다고 말한다면 말이다.

아이의 학습 수준, 엄마의 기대 수준이 막는다

"다른 애는 동화책을 줄줄 읽던데, 넌 7살이나 돼서 큰일 났다. 떠듬떠듬 그게 뭐야? 이건 또 틀렸잖아. 받침이 이게 아니라고."

엄마들이 자주 하는 말이지만 정말 말도 안 되는 말이다. 엄마는 아이가 떠듬떠듬 읽더라도 "잘 읽네. 이제 7살인데 이렇게 책을 잘 읽다니 놀라운 걸"이라고 말해줘야 하는 사람이다. 아이의 학습 수준을 높이고 싶다면 엄마는 기대 수준을 나타내는 말을 가려해야 한다. 한 번 생각해보자. 엄마랑 앉아서 공부하면 지적만 당한다. 공부하는 상황 자체가 싫은데 자꾸 그것도 모르냐고 자기를 몰아붙인다. 당연히 공부하고 싶은 마음이 달아난다. 가뜩이나 공부는 집중력이 필요하고 머리를 써야 하는 복잡한 활동이다. 한마디로 머리 아픈 어려운 일을 하는 아이에게, 수준보다 훨씬 높은 것을 시키면서 면박이나 주고 벌써 잊어버렸냐고 혼내는 엄마와 무슨 공부할 맛이 나겠는가. 아이가 공부하게 하려면 아이의 흥이 나게 해야 한다. 흥이 나면 흥에 겨워 어려운 공부도 재밌어진다.

엄마는 아이가 잘한 것만 쏙쏙 골라 말해야 한다. 10문제 중 맞힌 8문제는 뒷전인 채 틀린 2문제만 지적하는 마음은 엄마들끼리만 공감할 뿐, 아이는 야속하기만 하다. 야속한 엄마와 공부하고 싶은 아이는 없다. 아이를 공부하게 하려면 아이의 기분이 우선이다. 틀린 2문제를 지적하기보다 맞힌 8문제로 접근해야 한다.

"우아, 이 문제를 맞혔네. 글씨도 잘 썼잖아. 멋지다!"

앞에서 나온 두 번째 이야기를 살펴보자. 아이가 '고맙습니다'라고 썼다면 맞게 쓴 글자를 쏙쏙 골라내 인정하면 그만이다. "5글자 중 4글자나 제대로 잘 썼네"와 "이 글자 틀렸잖아?" 중 어떤 말이 더 듣고 싶을까?

교각살우矯角殺牛라는 사자성어가 있다. 소의 뿔을 바로잡으려다가 소를 죽인다는 말로, 잘못된 점을 고치려다가 그 방법이나 정도가 지나쳐 오히려 일을 그르친다는 것을 뜻한다. 유아기나 초등학교 저학년 아이를 둔 엄마가 꼭 알아야 하는 말이다. 틀린 한두 문제를 가르치겠다고 나섰다가 아이가 공부에 대한 부정적인 생각을 갖게 된다면 차라리 가르치지 않는 편이 낫다.

맞힌 글자로 아이의 기분을 으쓱하게 한 다음에 틀린 부분을 알려주면 된다. 기분 좋게 가르치는 것이다. 아이의 기분이 좋아야 학습 목표도 달성할 수 있다. '긍정-부정-긍정'의 원리로 가르치면 된다.

- **긍정:** "우아, 이거 맞혔네."
- **부정:** "이건 틀렸는데 이렇게 하면 되지 않을까?"
- **긍정:** "그럼 다시 한 번 써볼까? 잘했어!"

"고맙슴니다… 우아, 잘 썼어. '고' 자도 맞고, '맙' 자고 맞고, '니다'도 맞았어. '고맙습니다' 5글자 중에 고, 맙, 니, 다, 우아, 4글자나 제대로 썼네."

칭찬을 받고 기분이 좋아진 아이가 틀린 글자를 찾아낼 것이다. 제대로 쓴 글자는 엄마가 이미 알려줘서 쉽게 찾을 수 있다.

"엄마, 근데 '고맙니다'면 다 제대로 쓴 건 아니잖아."

"그래? 벌써 눈치챈 거야? 엄마가 가르쳐주지 않았는데도 잘 알아맞혔네.”

얼마나 현명한 엄마인가. 틀렸다는 말 대신 아이의 말을 받아 틀린 사실을 ‘알아맞혔다’라고 표현하니 말이다.

“그럼 어떤 글자를 고치면 될까?”

“이거!”

“그래? 어떻게 쓰면 될까?”

“‘슴니다’라고 소리가 나니까 ‘슴’인 것 같은데?”

“소리로는 맞는데 쓸 때는 ‘습’이라고 써야 하는 거야.”

엄마는 아이의 능력과 수준에 맞춰 내용을 알려주고 가르쳐주면 된다. 이 시간은 단순한 공부 시간이 아니다. 엄마와 아이가 나누는 교감의 시간, 상호 작용의 시간이다. 그 어떤 가치로도 환산할 수 없는 너무나도 귀한 시간인 것이다.

Tip

모르거나 틀려도 괜찮다고 격려하는 엄마의 말

❶ 무시하지 않고 친절하게 가르쳐주는 말

- "모른다고? 얼마나 더 알려줘야 해?" (×)
  "다시 한 번 잘 생각해보자." (○)

❷ 실수를 비난하지 않고 기회로 여기는 말

- "이거 너 아는 거잖아." (×)
  "아는 건데 틀린 이유가 뭘까?" (○)

❸ 긴장한 아이의 마음을 알아주는 말

- "문제를 보고 덜덜 떨면 문제도 널 무시할 거야." (×)
  "시험 볼 땐 누구나 긴장해. 네가 이상한 거 아냐." (○)

❹ 계속하면 잘할 수 있다고 격려하는 말

- "10번을 하면 뭐 해? 또 잊어버릴 건데." (×)
  "반복하면 그만큼 효과가 있을 거야." (○)

하루 5분 엄마의 말습관

초판 1쇄 발행 2018년 8월 6일
초판 18쇄 발행 2023년 7월 17일

지은이 임영주
펴낸이 이승현

출판1 본부장 한수미
라이프 팀장 최유연
디자인 [★]규

펴낸곳 ㈜위즈덤하우스 **출판등록** 2000년 5월 23일 제13-1071호
주소 서울특별시 마포구 양화로 19 합정오피스빌딩 17층
전화 02) 2179-5600 **홈페이지** www.wisdomhouse.co.kr

ISBN 979-11-89125-26-4 13590